Eficiencia energética en la industria frigorífica. ENAC022PO

Roberto Pérez Huguet

ic editorial

Eficiencia energética en la industria frigorífica. ENAC022PO
© Roberto Pérez Huguet

1ª Edición

© IC Editorial, 2025

Editado por: IC Editorial
c/ Cueva de Viera, 2, Local 3
Centro Negocios CADI
29200 Antequera (Málaga)
Teléfono: 952 70 60 04
Fax: 952 84 55 03
Correo electrónico: iceditorial@iceditorial.com
Internet: www.iceditorial.com

ISBN: 979-13-7027-104-6
Depósito Legal: MA 2063-2025

Impresión: PODiPrint
Impreso en Andalucía – España

Nota de la editorial: IC Editorial pertenece a Innovación y Cualificación S. L.

Especialidad formativa

Se entiende por especialidad formativa la agrupación de contenidos, competencias profesionales y especificaciones técnicas que responde a un conjunto de actividades de trabajo enmarcadas en una fase del proceso de producción y con funciones afines.

Las especialidades formativas de Uso General, Formación Complementaria, Formación Modular y las especialidades formativas dirigidas a la obtención de certificados de profesionalidad se incluyen en el Fichero de Especialidades del Servicio Público de Empleo Estatal para su gestión en todo el territorio nacional por cualquier Administración competente.

Las especialidades complementarias, pertenecen todas a la Familia profesional de Formación Complementaria (FCO) y tienen la consideración de formación transversal en áreas que se consideran prioritarias tanto en el marco de la Estrategia Europea para el Empleo y del Sistema Nacional de Empleo como en las directrices establecidas por la Unión Europea. Se consideran áreas prioritarias las relativas a tecnologías de la información y la comunicación, la prevención de riesgos laborales, la sensibilización en medio ambiente, la promoción de la igualdad, la orientación profesional y aquellas otras que se establezcan por la Administración competente.

Las especialidades de Certificado de profesionalidad tienen una duración especificada en su normativa reguladora.

En el resultado de la búsqueda, se muestran las unidades de competencia, todos los módulos formativos con su duración y las unidades formativas del certificado correspondiente, con su duración. Las horas del certificado, exclusivo de las especialidades de certificado de profesionalidad, con alta igual o superior a 2008, son las horas totales más las horas del módulo de Prácticas Profesionales no Laborales.

➲ **Si la especialidad tiene unidades formativas,** las horas totales, presencial, distancia, teleformación serán igual a la suma de esas horas de las unidades formativas de los distintos módulos, sin que se repita ninguna Unidad formativa.

➲ **Si la especialidad no tiene unidades formativas,** las horas totales, presencial, distancia, teleformación serán igual a las sumas de esas horas de los módulos formativos, eliminando las horas de los módulos repetidos.

https://sede.sepe.gob.es/especialidadesformativas/RXBuscadorEFRED/BusquedaEspecialidades.do

(Fuente: Servicio Público de Empleo Estatal)

Índice

OBJETIVOS GENERALES

Los objetivos generales de **ENAC022PO. Eficiencia energética en la industria frigorífica** son:

- Aplicar las medidas de eficiencia energética a los sistemas de la industria frigorífica.
- Comprender la importancia de la eficiencia energética en la industria frigorífica para ahorrar energía, cuidar el medioambiente y mejorar el rendimiento de las empresas.
- Conocer las fuentes de energía y las estrategias para gestionar, diagnosticar y optimizar su uso en la industria frigorífica, reduciendo costes y mejorando la sostenibilidad.
- Aplicar los principios, las tecnologías y las estrategias de eficiencia energética en sistemas frigoríficos e instalaciones industriales, promoviendo un uso racional de la energía y una reducción del impacto ambiental.

Introducción a la eficiencia energética

Contenido

Objetivos

El objetivo general de esta Unidad de Aprendizaje es:

→ Comprender la importancia de la eficiencia energética en la industria frigorífica para ahorrar energía, cuidar el medioambiente y mejorar el rendimiento de las empresas.

Los objetivos específicos de esta Unidad de Aprendizaje son:

→ Identificar las razones económicas, medioambientales, normativas y sociales que justifican la implementación de medidas de eficiencia energética en el sector.
→ Analizar los principales factores técnicos, operativos y organizativos que influyen en el consumo energético de las instalaciones frigoríficas para diseñar soluciones efectivas.
→ Fomentar la aplicación de tecnologías, prácticas de gestión y cumplimiento normativo que permitan optimizar el uso de la energía y contribuir a los objetivos de desarrollo sostenible.
→ Desarrollar una visión integral de la gestión energética, incorporando buenas prácticas operativas, monitorización de indicadores clave y alineación con objetivos de sostenibilidad y ahorro.
→ Analizar los principales componentes de la eficiencia energética en instalaciones de frío industrial.

1. Introducción

La eficiencia energética se ha convertido en una prioridad global ante los desafíos económicos, medioambientales y normativos a los que se enfrenta el sector industrial. En un contexto marcado por el aumento de los precios de la energía, la necesidad de reducir las emisiones contaminantes y el cumplimiento de los objetivos de sostenibilidad, optimizar el uso de la energía ya no es una opción, sino una exigencia estratégica. Las empresas que apuestan por sistemas más eficientes no solo reducen sus costes operativos, sino que mejoran su posicionamiento en los mercados cada vez más exigentes en términos de responsabilidad ambiental y competitividad.

Dentro de este marco, la industria frigorífica ocupa un lugar destacado por su elevado consumo energético, principalmente derivado de la operación continua de los sistemas de refrigeración y congelación. Este sector, esencial en actividades como la alimentación, la logística, la pesca o la farmacéutica, requiere de condiciones térmicas estables y precisas que representan una carga energética significativa. La eficiencia energética en este ámbito implica reducir el consumo, mantener la fiabilidad de los procesos, mejorar el control operativo y extender la vida útil de los equipos.

Laura y Tomás son encargados de una planta frigorífica y van a iniciar un proyecto para mejorar la eficiencia energética de esta, conscientes de que es un aspecto clave para reducir los costes, cumplir las distintas normativas y ser más competitivos. Se han dado cuenta de que las cámaras de refrigeración son la principal fuente de consumo y se proponen optimizar el uso de energía sin comprometer la estabilidad ni la calidad del servicio, demostrando que la industria frigorífica tiene mucho potencial para ser más sostenible y eficiente.

2. ¿Por qué eficiencia energética?

 HILO CONDUCTOR

Laura y Tomás descubrirán que, además de las normativas nacionales y europeas, existen otras estrategias globales como la Agenda 2030, el Acuerdo de París o el Pacto Verde Europeo, que impulsan la eficiencia energética como eje del desarrollo sostenible. Con esta visión, han decidido alinear la remodelación de la planta frigorífica con las exigencias nacionales y con los compromisos internacionales, para ser más sostenibles y competitivos.

La eficiencia energética es hoy un **pilar clave** en el desarrollo económico, ambiental y tecnológico, impulsada por la volatilidad de los precios, el agotamiento de los recursos fósiles y la lucha contra el cambio climático. Ya no es una opción, sino una necesidad que responde tanto a criterios medioambientales como económicos, promoviendo un uso racional de los recursos.

En la industria, donde el consumo energético es alto, mejorar la eficiencia energética reduce costes, aumenta la competitividad y mejora la productividad. Esto se logra no solo con tecnología, sino también con buena gestión, mantenimiento y formación del personal. Por ello, es esencial comprender sus fundamentos, sus beneficios y su papel estratégico en el sector frigorífico.

 **NOTA**

Invertir en eficiencia energética es invertir en el futuro de las empresas no solo desde el punto de vista técnico, sino también desde una perspectiva económica y social.

2.1. Razones clave para aplicar la eficiencia energética

La eficiencia energética no es solo una tendencia técnica o ambiental, sino una **necesidad operativa** con un impacto directo en la viabilidad de las instalaciones industriales. Optimizar el uso de la energía contribuye a reducir los desperdicios, estabilizar los procesos, cumplir las normativas y mejorar el rendimiento, reforzándose todas estas motivaciones entre ellas. Identificarlas con claridad permite priorizar acciones, asignar recursos de forma eficiente y sensibilizar al personal sobre la importancia de una mejora continua en el consumo energético.

Las principales razones por las que implementar la eficiencia energética resulta indispensable en un entorno industrial moderno, y especialmente en sectores como el frigorífico, donde la energía representa un insumo clave y estratégico, son:

- **Medioambientales:** la generación y el uso de energía representan más del 70 % de las emisiones correspondientes a los gases de efecto invernadero (GEI) a nivel mundial. Reducir el consumo energético disminuye el uso de combustibles fósiles y, por tanto, contribuye a mitigar el cambio climático.

- **Económicas:** una empresa energéticamente ineficiente paga más por producir lo mismo. La eficiencia energética reduce los costes operativos, mejora los márgenes de rentabilidad y vuelve a la empresa más competitiva.
- **Normativas:** en los ámbitos nacional e internacional, cada vez hay más leyes que exigen el cumplimiento de unos estándares de eficiencia energética. En España, el **Real Decreto 56/2016** obliga a las grandes empresas a realizar auditorías energéticas cada 4 años.
- **Sociales y reputacionales:** consumir menos energía mejora la imagen corporativa, al alinearse con prácticas sostenibles. Cada vez más clientes, inversores y consumidores valoran a las empresas comprometidas con la eficiencia y el medioambiente.

IMPORTANTE

La energía más limpia y barata es la que no se consume.

PARA SABER MÁS

Puedes acceder al Real Decreto 56/2016, de 12 de febrero, por el que se transpone la Directiva 2012/27/UE del Parlamento Europeo y del Consejo, de 25 de octubre de 2012, relativa a la eficiencia energética, en lo referente a auditorías energéticas, acreditación de proveedores de servicios y auditores energéticos y promoción de la eficiencia del suministro de energía desde aquí.

https://redirectoronline.com/enac022po0100

2.2. Evolución del concepto de eficiencia energética

El concepto de **eficiencia energética** ha evolucionado con el tiempo, adaptándose a los cambios económicos, tecnológicos, ambientales y sociales. Lo que empezó como una reacción a las crisis del petróleo de los años setenta, centrada en reducir la dependencia energética mediante el ahorro, ha pasado a ser una estrategia clave para la transformación industrial y la sostenibilidad global, aunque inicialmente sin plena conciencia ambiental.

Durante las décadas siguientes, el enfoque fue ampliándose:

Años 90

- En los años 90, con el desarrollo sostenible y los primeros acuerdos climáticos, como el de **Kioto,** la eficiencia energética se enfocó en **reducir emisiones.** Antes, en los 70, primó la seguridad energética tras la crisis del petróleo, y en los 80 el ahorro y la diversificación.

Años 2000

- En los años 2000, las empresas empezaron a ver la eficiencia energética como una herramienta de rentabilidad, al asociar la optimización del consumo con ahorros sostenibles y mayor competitividad. En la década siguiente, 2010, cobró peso la **regulación ambiental** y la **certificación energética,** impulsadas por el cumplimiento legal y la responsabilidad social corporativa.

Años 2020

- Ya en la década de 2020, la eficiencia energética se integra en una visión más amplia de transición energética, que incorpora **digitalización, descarbonización, economía circular y energías renovables,** alineándose con la agenda climática y la innovación tecnológica.

La eficiencia energética actualmente ya no es una cuestión técnica, sino que se ha convertido en una estrategia integral que abarca:

Tecnología
- Sensores, IoT, sistemas de control inteligente, automatización.

Gestión
- Monitorización continua, indicadores de desempeño energético (IDE), auditorías.

Política empresarial
- Integración en los planes de sostenibilidad y responsabilidad social corporativa.

Educación y cultura energética
- Concienciación y formación del personal como parte del proceso.

La eficiencia energética se ha convertido en una herramienta de transformación sostenible, que tiene una amplia innovación tecnológica y que hace que las empresas se posicionen sobre las de su competencia.

 SABÍAS QUE...

Según la Agencia Internacional de la Energía (AIE), el 40 % del potencial de reducción de emisiones hasta el año 2050 proviene de la eficiencia energética.

2.3. Beneficios de la eficiencia energética

La eficiencia energética es una estrategia integral con múltiples beneficios, especialmente en los sectores de alta demanda como el frigorífico. No se limita a instalar equipos modernos o reducir el consumo, sino que implica una gestión más consciente y optimizada de la energía en los procesos productivos, generando mejoras operativas, económicas y ambientales.

Comprender estos beneficios es clave para justificar inversiones, priorizar acciones y alinear al personal técnico y directivo con un modelo de gestión energética más eficiente. Esta práctica no solo reduce costes, sino que impulsa la sostenibilidad, la innovación y la competitividad.

Veremos, a continuación, en qué consisten dichos beneficios.

Beneficios económicos

La eficiencia energética en la industria frigorífica tiene un impacto económico directo al reducir los costes operativos en sistemas de alto consumo continuo. Optimizar el uso energético mejora la rentabilidad sin necesidad de aumentar la producción. Además, reduce las averías, alarga la vida útil de los equipos y facilita el acceso a ayudas públicas, convirtiéndose en una herramienta estratégica que mejora la competitividad y permite amortizar inversiones en poco tiempo.

 **EJEMPLO**

Una empresa que invierta en variadores de frecuencia para sus compresores puede recuperar esa inversión en un breve espacio de tiempo gracias a un ahorro energético del 25 %.

Beneficios medioambientales

La eficiencia energética no solo aporta beneficios económicos, sino también un fuerte impacto ambiental. Al reducir el consumo de energía, especialmente de origen fósil, disminuyen las emisiones de gases de efecto invernadero y otros contaminantes. En la industria frigorífica, esto es clave dado el peso energético de los sistemas de refrigeración en la huella de carbono.

El uso de tecnologías eficientes y una gestión responsable contribuyen a la sostenibilidad del sector y a una menor presión sobre la red eléctrica. Así, la eficiencia energética se consolida como una herramienta esencial para una industria más limpia y alineada con los objetivos climáticos globales.

 **VÍDEO**

En el siguiente vídeo se trabaja sobre los beneficios que tiene la eficiencia energética para la industria y para el planeta. Puedes acceder a él a través del siguiente enlace.

Continúa en página siguiente >>

<< Viene de página anterior

https://redirectoronline.com/enac022po0101

Beneficios operativos e industriales

Más allá del ahorro económico y del impacto ambiental positivo, la eficiencia energética ofrece mejoras sustanciales en el funcionamiento interno de las instalaciones industriales. Al aplicar medidas de optimización, se permite que los sistemas trabajen de forma más estable, con menores esfuerzos mecánicos y con un menor riesgo de desviaciones en las condiciones de operación. Esto se traduce en una mayor uniformidad térmica, en una reducción de fallos imprevistos y una mayor confiabilidad en los procesos de conservación.

La implementación de las tecnologías eficientes, junto con los sistemas de control y el mantenimiento adecuados, permite extender la vida útil de los equipos, reducir el número de intervenciones correctivas y facilitar la planificación operativa. Estos beneficios operativos, además de mejorar la productividad, también refuerzan la seguridad del proceso y la calidad del producto final al minimizar las variaciones de temperatura, humedad o tiempo de exposición.

Los beneficios operativos e industriales repercuten sobre otros departamentos.

Beneficios estratégicos e intangibles

Además de los beneficios cuantificables, la eficiencia energética también aporta una serie de **ventajas estratégicas e intangibles** que fortalecen el posicionamiento de la empresa en el sector. Integrar la eficiencia como parte del modelo de gestión refuerza su compromiso con la sostenibilidad, mejora la percepción externa de la marca y facilita la adaptación a los nuevos estándares normativos y ambientales. Estas mejoras no siempre se reflejan inmediatamente en la contabilidad, pero influyen de forma decisiva en la reputación, la confianza de los clientes y la capacidad para atraer inversión.

En algunos sectores con una alta exigencia como el alimentario, el farmacéutico o el logístico, la eficiencia energética se ha convertido en un elemento diferenciador frente a la competencia, especialmente cuando los criterios de sostenibilidad forman parte de las licitaciones, las auditorías o de las certificaciones de calidad. Además, fomenta una cultura organizacional basada en la mejora continua, la innovación y la conciencia ambiental, lo que fortalece el liderazgo interno y facilita la toma de decisiones a largo plazo.

 IMPORTANTE

Los beneficios de la eficiencia energética van más allá del simple ahorro económico. Contribuyen a mejorar el rendimiento global, a reducir los riesgos y a reforzar el compromiso sostenible de la empresa en un entorno cada vez más exigente.

 PARA SABER MÁS

Puedes acceder a la Directiva 2012/27/UE sobre eficiencia energética en el siguiente enlace:

https://redirectoronline.com/enac022po0102

APLICACIÓN PRÁCTICA

Javier está evaluando las ventajas de implementar distintas medidas de eficiencia energética en una planta frigorífica. Sabe que hay varios beneficios: económicos, medioambientales, operativos e incluso estratégicos.

Le han pedido que identifique cuál de estos beneficios está directamente relacionado con la reducción del consumo de energía, de las emisiones de gases contaminantes y con la contribución a la sostenibilidad ambiental.

Solución

Los beneficios medioambientales se refieren directamente a la reducción del consumo energético de fuentes fósiles, lo que disminuye las emisiones de CO_2 y otros contaminantes.

- -

2.4. Marco normativo y estrategias internacionales

El desarrollo y la aplicación de la eficiencia energética están regulados por un conjunto de normativas, directivas y estrategias internacionales que establecen un marco legal y técnico para promover el uso racional de la energía. Estas regulaciones no solo establecen obligaciones para los Estados y las empresas, sino que también ofrecen criterios, metodologías y herramientas de planificación que ayudan a implementar políticas energéticas más eficaces. En el caso de la Unión Europea, este marco se ha fortalecido progresivamente con el objetivo de reducir el consumo energético, fomentar la competitividad y combatir el cambio climático.

En el ámbito industrial, y más concretamente en el sector frigorífico, conocer y aplicar estas normativas es clave para asegurar el cumplimiento legal, acceder a subvenciones y alinear la gestión energética con las políticas nacionales e internacionales de sostenibilidad. Además, muchas de estas estrategias están directamente vinculadas con los compromisos globales como la Agenda 2030 o el Pacto Verde Europeo, por lo que su adopción, además de tener implicaciones legales, también incluye implicaciones estratégicas para el posicionamiento competitivo de las empresas.

Normativa internacional

La normativa internacional en materia relacionada con la eficiencia energética establece el marco jurídico y técnico que guía a los países en la adopción de sus políticas sostenibles y coherentes en el uso de la energía. Estas normativas son elaboradas por organismos multilaterales, como la Unión Europea, la Organización Internacional de Normalización (ISO) o la Agencia Internacional de la Energía, y su aplicación tiene un impacto directo en los sectores productivos. En particular, la Directiva 2012/27/UE y la norma ISO 50001 son dos referencias fundamentales que promueven la adopción de sistemas de gestión energética estructurados y medibles.

La industria frigorífica, como sector que utiliza de forma intensiva la energía, se ve directamente afectada por estos marcos regulatorios, ya que marcan el camino para la mejora continua del rendimiento energético, el cumplimiento ambiental y la competitividad internacional. Adoptar y aplicar estas normativas no solo permite a las empresas cumplir con sus obligaciones legales, sino también posicionarse en mercados cada vez más exigentes en términos de eficiencia, transparencia y sostenibilidad.

Entre las normas internacionales, destacan:

- **Directiva 2012/27/UE del Parlamento Europeo:** establece un marco común para fomentar la eficiencia energética en la Unión Europea. Obliga a los Estados miembros a fijar objetivos nacionales y aplicar medidas para reducir el consumo de energía. Promueve auditorías energéticas, renovación de edificios y eficiencia en la industria y los servicios públicos.
- **ISO 50001 - Sistemas de Gestión de la Energía:** esta norma establece los requisitos para implementar, mantener y mejorar un sistema de gestión de la energía en las organizaciones. Su objetivo es optimizar el consumo energético, reducir costes y emisiones, y fomentar la mejora continua. Facilita el cumplimiento legal y refuerza la sostenibilidad y la competitividad empresarial.

 SABÍAS QUE...

Aplicar la normativa internacional, además de mejorar la eficiencia energética, también facilita la obtención de otras certificaciones ambientales como EMAS o ISO 14001.

Normativa nacional (España)

En España, el marco normativo en materia de eficiencia energética ha evolucionado para alinearse con las directivas europeas y responder a los retos propios del sistema energético nacional. Esta normativa establece requisitos concretos para las empresas, tanto en términos de auditoría y control como de implantación de sistemas de gestión energética, definiendo los mecanismos legales que regulan el uso eficiente de los recursos en todos los sectores. La industria frigorífica, por su elevado consumo energético, se encuentra entre los sectores que más obligaciones tiene.

El conjunto de leyes y reales decretos que conforman esta normativa, además de perseguir la reducción del consumo energético, también trabaja sobre la modernización tecnológica, la descarbonización de los procesos y el impulso de una economía más competitiva y sostenible. Para las empresas, conocer y aplicar correctamente estas disposiciones legales no solo evita sanciones, sino que abre la puerta a subvenciones, incentivos fiscales y reconocimiento institucional. Entre las normas nacionales, destacan:

- ⮑ **Real Decreto 56/2016:** transpone la Directiva 2012/27/UE, obligando a las grandes empresas en España a realizar auditorías energéticas cada cuatro años o implementar un sistema de gestión energética. También regula el registro de auditores y servicios energéticos, fomentando la eficiencia y reduciendo el consumo energético.
- ⮑ **Código Técnico de la Edificación (CTE):** es la normativa española que establece las exigencias básicas de calidad y seguridad en los edificios. Incluye requisitos sobre eficiencia energética, accesibilidad, salubridad, seguridad estructural y contra incendios, promoviendo construcciones sostenibles y respetuosas con el medioambiente.
- ⮑ **Reglamento de Instalaciones Térmicas en los Edificios (RITE):** establece las condiciones técnicas y administrativas que deben cumplir las instalaciones de calefacción, climatización y agua caliente sanitaria en España. Su objetivo es garantizar la eficiencia energética, la seguridad, el confort y la calidad del aire interior, fomentando un uso racional de la energía.

Estrategias y planes energéticos en España

Además de la legislación, España ha desarrollado una serie de estrategias y planes energéticos nacionales que orientan las políticas públicas hacia un modelo más eficiente, sostenible y descarbonizado. Estos documentos estratégicos, además de establecer objetivos de ahorro y uso racional de la energía, también definen las líneas de actuación concretas para algunos sectores clave como la industria, el transporte y la edificación. Entre ellos, destaca el **Plan Nacional Integrado de Energía y Clima (PNIEC),** que constituye la hoja de ruta para cumplir con los compromisos climáticos de la Unión Europea.

La industria frigorífica, por su peso dentro del consumo energético industrial, está directamente involucrada en estos planes. Conocer estos planes permite a las empresas anticiparse, adaptarse a los nuevos requerimientos y beneficiarse de un entorno regulador cada vez más orientado a la sostenibilidad.

El Plan Nacional Integrado de Energía y Clima (PNIEC, 2023-2030) es el documento marco de política energética en España. Entre sus objetivos están:

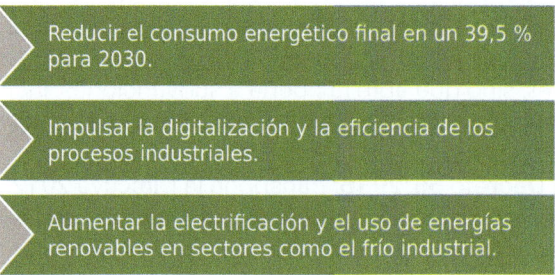

Reducir el consumo energético final en un 39,5 % para 2030.

Impulsar la digitalización y la eficiencia de los procesos industriales.

Aumentar la electrificación y el uso de energías renovables en sectores como el frío industrial.

 **PARA SABER MÁS**

Puedes acceder al documento completo del Plan Nacional Integrado de Energía y Clima desde el siguiente enlace.

https://redirectoronline.com/enac022po0103

Estrategias globales

Más allá del ámbito europeo, existen otras estrategias globales impulsadas por organismos internacionales que refuerzan el papel de la eficiencia energética como eje transversal del desarrollo sostenible. Estas iniciativas, lideradas por la Organización de las Naciones Unidas, el Grupo Intergubernamental de Expertos sobre el Cambio Climático (IPCC) o la Agencia Internacional de la Energía (AIE), ofrecen directrices comunes y objetivos climáticos compartidos para avanzar hacia la reducción de emisiones y el uso responsable de los recursos energéticos en todo el planeta.

La Agenda 2030, el Acuerdo de París o el Pacto Verde Europeo sirven como marcos de referencia para Gobiernos y empresas que buscan implementar políticas alineadas con la transición energética global. En este contexto, la industria frigorífica debe situarse como un actor activo, adoptando medidas que no solo respondan a exigencias nacionales, sino que también contribuyan al cumplimiento de compromisos climáticos internacionales y refuercen su competitividad en mercados cada vez más sostenibles.

3. Grado de dependencia energética y costes de la energía

☞ HILO CONDUCTOR

Laura y Tomás están analizando por qué la industria frigorífica es tan vulnerable a los precios de la energía, revelando que los costes eléctricos son muy inestables y la demanda frigorífica es alta y constante. Ambos descubrirán que factores como los conflictos, las normativas climáticas, las energías renovables y el mercado mayorista encarecen la energía, impactando directamente en los costes debidos a los compresores, los ventiladores y las bombas, que consumen entre el 40 % y el 70 % de la electricidad de una planta. Por eso deciden que algunos aspectos relevantes son la monitorización de los consumos, el ajuste de las tarifas y la optimización de la potencia contratada para controlar el gasto energético.

En países con baja producción de energía primaria, como España, la dependencia de las importaciones genera vulnerabilidad frente a las fluctuaciones del mercado internacional, afectando a sectores de alto consumo como la industria frigorífica, que requiere un suministro estable.

La volatilidad de los costes energéticos, impulsada por factores geopolíticos y regulatorios, convierte el precio de la energía en un factor crítico para la sostenibilidad empresarial. Conocer esta dependencia y anticiparse a los cambios del mercado es clave para gestionar riesgos y evaluar el impacto de las medidas de eficiencia energética.

3.1. La dependencia energética en España

El sistema energético español depende en gran medida de la importación de recursos fósiles, lo que lo hace vulnerable a conflictos internacionales, fluctuaciones del mercado y decisiones de grandes productores. Esta dependencia estructural obliga a adoptar medidas de eficiencia para reducir su impacto en la industria.

Para los sectores con alta demanda energética, como el frigorífico, este riesgo afecta directamente a los costes operativos y a la planificación. La solución pasa por controlar la demanda, mejorar la eficiencia de los sistemas térmicos e incorporar fuentes renovables y tecnologías de gestión inteligente.

3.2. Evolución de los costes energéticos

El precio de la energía se ha convertido en un factor clave para la competitividad industrial, especialmente en sectores como el frigorífico, donde el consumo eléctrico es elevado y continuo. En la última década, los costes energéticos han sido crecientes y volátiles debido a factores como la geopolítica, el mercado de emisiones o los desequilibrios en la oferta y la demanda, lo que exige una gestión estratégica del consumo.

En este contexto, entender la estructura del mercado energético, las tarifas, los peajes y las penalizaciones es esencial para anticipar variaciones y diseñar planes de eficiencia que aseguren ahorro, estabilidad y sostenibilidad económica a largo plazo.

ACTIVIDAD COMPLEMENTARIA

1. Busca información acerca de siete formas de ahorrar energía en tu día a día. Puedes apoyarte en la información que está disponible en internet.

3.3. Impacto directo en la industria frigorífica

La industria frigorífica se caracteriza por operar con sistemas térmicos que requieren de una demanda energética constante, elevada y difícilmente interrumpible, lo que la convierte en un sector altamente sensible a los cambios en los costes de la energía. La electricidad representa la principal fuente de consumo, especialmente para el funcionamiento de los compresores, los ventiladores, los sistemas de bombeo y la automatización. Por tanto, cualquier variación en el precio del kilovatio hora tiene un efecto directo e inmediato sobre los costes operativos, impactando sobre la rentabilidad y la competitividad de las empresas del sector.

Además del consumo del proceso frigorífico, el diseño de las instalaciones, la antigüedad de los equipos, la calidad del aislamiento y el nivel de automatización influyen significativamente en el gasto energético total. Las empresas que no apliquen medidas de eficiencia energética se ven penalizadas por consumos excesivos, potencias contratadas sobredimensionadas o por una mala gestión de la energía reactiva. Por ello, es crucial que el sector frigorífico adopte un enfoque preventivo y técnico que permita identificar y corregir las ineficiencias energéticas antes de que se conviertan en sobrecostes estructurales.

En una planta industrial, el consumo eléctrico de las instalaciones frigoríficas representa entre el 40 % y el 70 % del consumo total, lo que provoca que el aumento del precio energético tenga un impacto inmediato en los márgenes de operación.

Los principales elementos consumidores de energía son:

- **Compresores**: mayor consumo, funcionamiento continuo.
- **Evaporadores y condensadores**: motores, ventiladores.
- **Bombas, válvulas, automatismos**.
- **Sistemas de control y regulación**.

IMPORTANTE

Una mala gestión energética puede disparar los costes sin aumentar la capacidad de producción.

Factores que influyen en el precio de la energía

El precio de la energía no depende solo del consumo, sino de otros factores como el mercado mayorista, las regulaciones, los costes ambientales y las situaciones geopolíticas. En el caso eléctrico, el precio lo marca la última tecnología que entra al sistema, lo que puede provocar subidas según la demanda, el gas o el CO_2, sumado a peajes, cargos e impuestos.

Para la industria frigorífica, entender estos factores es esencial para optimizar los contratos, ajustar la potencia, evitar las penalizaciones y aprovechar las tarifas más económicas. Elegir entre tarifa fija o indexada y aplicar tecnologías para reducir el consumo en horas punta permite controlar mejor la factura y anticiparse a subidas de costes.

Las emisiones de CO_2 influyen negativamente en el precio de la energía.

3.4. Necesidad de anticipación y control

En un contexto energético cambiante, las empresas deben adoptar una postura proactiva, anticipándose y controlando su consumo en lugar de reaccionar solo ante el aumento de costes. Para ello, es clave contar con herramientas de monitorización que permitan conocer con precisión cuándo, dónde y cómo se consume la energía.

En la industria frigorífica, donde la energía es un coste estructural, el control energético es esencial para garantizar la operatividad. Medir por zonas, registrar datos en tiempo real y definir indicadores permiten detectar ineficiencias, optimizar inversiones y aplicar mejoras continuas, fortaleciendo la adaptación ante futuros escenarios.

Para reducir el impacto de estos costes, es imprescindible:

Auditar el consumo energético regularmente. Realizar inspecciones anuales o semestrales que incluyan un inventario de equipos, análisis de rendimientos y comparación con estándares de la industria.

Contratar tarifas adaptadas al perfil de consumo (por franjas horarias, por ejemplo).

Optimizar la potencia contratada y evitar penalizaciones.

Aplicar medidas de eficiencia energética. Sustituir equipos de refrigeración antiguos por modelos de alta eficiencia, mejorar el aislamiento de cámaras y túneles, instalar variadores de frecuencia en compresores y ventiladores, y mantener un plan riguroso de mantenimiento preventivo.

Monitorizar en tiempo real los consumos con herramientas digitales.

 **RECUERDA**

Lo que no se mide no puede controlarse, por lo que una visión clara del consumo y del mercado es el primer paso para reducir los costes energéticos.

4. ¿Qué significa eficiencia energética en la industria frigorífica?

👉 **HILO CONDUCTOR**

Laura y Tomás se han dado cuenta de que la eficiencia energética en la industria frigorífica no consiste en gastar menos exclusivamente, sino que también se deben mantener las temperaturas necesarias consumiendo lo mínimo posible y sin poner en riesgo la calidad ni la seguridad. Ambos analizarán cómo influyen algunos factores como el diseño, el aislamiento, la climatología, los hábitos del personal y la antigüedad de los equipos, estableciendo que un mantenimiento incorrecto de los equipos o un sistema mal dimensionado puede disparar el consumo. Identificarán los principales elementos consumidores de energía que se integran en un sistema y las áreas clave de mejora.

- -

La eficiencia energética en la industria frigorífica no consiste solo en reducir el consumo, sino en mantener las condiciones térmicas requeridas con el mínimo uso de energía, sin afectar la calidad ni la seguridad del proceso. Para lograrlo, es necesario actuar sobre todas las fases del sistema: diseño, selección de equipos, operación, automatización y mantenimiento, asegurando un funcionamiento coordinado.

Se puede definir como la capacidad de una instalación para conservar productos en condiciones óptimas con el menor consumo posible, combinando aspectos técnicos, organizativos y económicos bajo un enfoque integral.

4.1. Factores que influyen en el consumo energético del frío industrial

El consumo energético en el frío industrial depende de múltiples factores interrelacionados, como el diseño del sistema, el aislamiento, la carga térmica, el clima, el uso de las cámaras y los hábitos operativos. Los desajustes en cualquiera de ellos pueden generar importantes pérdidas de eficiencia.

Comprender estos factores permite realizar diagnósticos precisos, elegir tecnologías adecuadas y definir prioridades de mejora. Este enfoque es clave para anticipar variaciones estacionales, adaptar el sistema a distintas condiciones y aplicar medidas con alto retorno energético. Entre los factores clave del consumo de una instalación para diseñar soluciones efectivas de eficiencia energética a medida destacan:

Tipo de instalación
- Cámaras de congelación, túneles de enfriamiento, almacenes de productos refrigerados, etc.

Diseño del sistema
- Tamaño, aislamiento térmico, distribución del aire y ubicación de los equipos.

Tecnología empleada
- Eficiencia de los compresores, tipo de refrigerante, sistemas de control y regulación.

Condiciones operativas
- Temperatura interior/exterior, carga térmica, apertura de puertas, renovación de aire.

Gestión y mantenimiento
- Fugas de refrigerante, fallos en sensores, suciedad en condensadores, etc.

 SABÍAS QUE...

Un diseño deficiente o un mal mantenimiento pueden incrementar el consumo energético hasta un 30 %.

4.2. Elementos clave del consumo en instalaciones frigoríficas

Para aplicar eficazmente las medidas de eficiencia energética en la industria frigorífica, es esencial conocer los componentes que más energía consumen, como cámaras, compresores, distribución de frío, ventilación e iluminación. Comprender cómo interactúan permite detectar puntos críticos y priorizar acciones con mayor impacto en el ahorro.

El rendimiento energético también depende de factores como la carga térmica, el clima exterior, la rotación de los productos, los hábitos del personal y el nivel de automatización. Por eso, un análisis técnico integral es clave para identificar ineficiencias y avanzar hacia una mejora energética global.

Los principales consumidores de energía en estas instalaciones son:

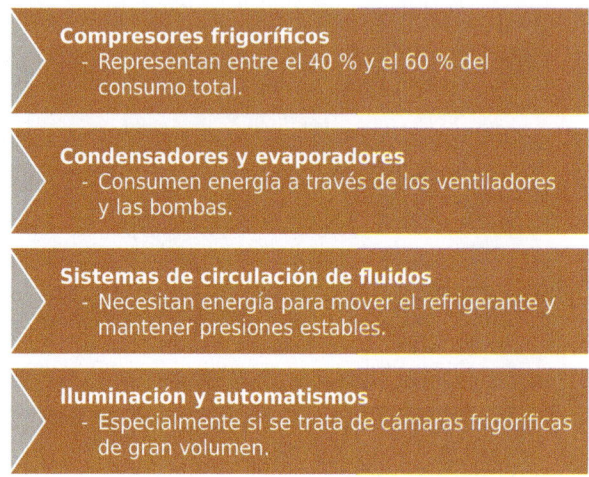

Compresores frigoríficos
- Representan entre el 40 % y el 60 % del consumo total.

Condensadores y evaporadores
- Consumen energía a través de los ventiladores y las bombas.

Sistemas de circulación de fluidos
- Necesitan energía para mover el refrigerante y mantener presiones estables.

Iluminación y automatismos
- Especialmente si se trata de cámaras frigoríficas de gran volumen.

IMPORTANTE

Un diseño incorrecto o un desajuste en los compresores pueden hacer que funcionen más horas de las necesarias o que operen en condiciones no óptimas, lo que eleva drásticamente el consumo eléctrico.

- -

4.3. Componentes de la eficiencia energética en el frío industrial

La eficiencia energética en el frío industrial depende de la coordinación entre diseño, elección de equipos, tipo de refrigerante, operación y mantenimiento. Cada elemento influye en el rendimiento global, por lo que adoptar una visión integral es clave para lograr bajo consumo, alta fiabilidad y estabilidad térmica.

Identificar estos componentes permite desarrollar estrategias personalizadas y sostenibles. Actuar solo sobre un aspecto ofrece beneficios limitados, mientras que un enfoque global, técnico y económico asegura eficiencia duradera desde el diseño hasta el mantenimiento del sistema. Entre los componentes que se deben tener en cuenta para garantizar la eficiencia energética dentro del frío industrial destacan:

- **Diseño inteligente de instalaciones:** un correcto dimensionamiento, una orientación que minimice las ganancias térmicas y el uso de puertas rápidas o dobles barreras son claves para mejorar la eficiencia de las cámaras frigoríficas.
- **Tecnología eficiente:** el uso de compresores de alta eficiencia (IE3 o IE4), variadores de velocidad en compresores y ventiladores, y la recuperación de calor del gas caliente del ciclo frigorífico mejoran significativamente el rendimiento energético del sistema.
- **Automatización y control:** los sistemas de gestión energética (BMS o SCADA) permiten controlar automáticamente temperaturas, presiones y ciclos, mientras que los sensores ajustan el funcionamiento según la carga térmica real, optimizando así el consumo energético.
- **Mantenimiento preventivo:** la revisión de aislamientos, juntas y válvulas, junto con la limpieza y la calibración de sensores y sistemas de regulación, y el control de fugas de refrigerante son acciones clave para mantener la eficiencia y la fiabilidad del sistema frigorífico.
- **Monitorización y análisis:** la instalación de contadores sectorizados y analizadores de red, junto con el seguimiento de indicadores como el COP o el kWh por tonelada refrigerada, permite evaluar y optimizar el desempeño energético del sistema frigorífico.

4.4. Principales áreas de mejora para la eficiencia energética

Mejorar la eficiencia energética en una instalación frigorífica requiere actuar sobre las áreas con mayor potencial de ahorro, desde compresores y ventilación hasta aislamiento, control automático, recuperación de calor y gestión horaria. Una intervención estructurada en estos puntos permite optimizar el rendimiento y reducir el coste por unidad refrigerada.

Aunque cada instalación es única, hay patrones comunes que orientan las prioridades según el análisis técnico y operativo. Actuar sobre estos elementos clave no solo reduce el consumo eléctrico, sino que mejora la estabilidad, alarga la vida útil de los equipos y favorece un modelo energético más eficiente y sostenible.

Entre estas áreas se encuentran:

⊃ Optimización del sistema de refrigeración:

- ◔ Uso de compresores de alta eficiencia (con etiquetado IE3 o superior).
- ◔ Implantación de variadores de frecuencia para adaptar la velocidad a la demanda real.
- ◔ Diseño modular con compresores en paralelo que permiten mejor control y escalabilidad.

⊃ Mejora del aislamiento y control térmico:

- ◔ Reducción de pérdidas de frío mediante puertas rápidas, burletes en buen estado y cámaras bien selladas.
- ◔ Aplicación de sistemas de cortinas de aire, dobles puertas o antecámaras.

⊃ Automatización y control inteligente:

- ◔ Sistemas SCADA, PLC o BMS que permiten controlar temperatura, presión y ciclos de trabajo.
- ◔ Alarmas por desviación de rendimiento energético, detectando ineficiencias antes de que sean visibles en la factura.

⊃ Recuperación de calor:

- ◔ Aprovechamiento del calor de condensación para producir agua caliente sanitaria (ACS) o calefacción en otras áreas.

⊃ Monitorización energética y seguimiento de KPI:

- ◔ Control horario o diario del consumo eléctrico.
- ◔ Indicadores clave: kWh/tonelada refrigerada, COP del sistema, ratio de compresores activos.

4.5. Consecuencias de no aplicar eficiencia energética

Ignorar la eficiencia energética en las instalaciones frigoríficas puede afectar gravemente al rendimiento, la seguridad y la economía del sistema. El uso de equipos obsoletos, un diseño inadecuado, la falta de mantenimiento preventivo o el sobredimensionamiento de los componentes contribuyen directamente a un aumento significativo del consumo energético. Esto, además de elevar los costes operativos, también acelera el desgaste de los equipos, reduce su vida útil y multiplica el riesgo de averías o fallos críticos.

En el aspecto **técnico,** un sistema frigorífico ineficiente puede presentar pérdidas de carga innecesarias, ciclos de operación mal optimizados, inestabilidad térmica y una refrigeración insuficiente o excesiva, lo que repercute negativamente en la calidad del producto almacenado, especialmente en sectores como la alimentación o la industria farmacéutica, donde mantener la cadena de frío es esencial.

Desde el **punto de vista económico,** un exceso de consumo energético impacta directamente en la cuenta de resultados, especialmente en el contexto volátil de los precios de la energía. Además, los costes asociados a las reparaciones frecuentes, las paradas no planificadas o la necesidad de sustituciones prematuras de componentes pueden superar la inversión necesaria para implementar las medidas de eficiencia energética desde el inicio.

Asimismo, operar sin criterios de eficiencia conlleva riesgos legales, ambientales y reputacionales. El incumplimiento de las normativas vigentes en materia de eficiencia energética, emisiones o gestión de refrigerantes puede acarrear sanciones económicas, pérdida de licencias de operación o exclusión de ayudas y subvenciones públicas.

Desde el punto de vista **ambiental,** una instalación ineficiente incrementa innecesariamente la huella de carbono, contribuye al cambio climático y puede suponer un mayor riesgo de fugas de gases refrigerantes, muchos de los cuales tienen un alto potencial de calentamiento global (GWP).

En cuanto al **impacto reputacional,** la falta de compromiso con la sostenibilidad puede deteriorar la imagen corporativa ante clientes, socios o inversores, especialmente en un contexto donde la responsabilidad ambiental se ha convertido en un criterio de decisión relevante. Una empresa que no gestiona adecuadamente su consumo energético puede ser percibida como poco profesional, poco competitiva o poco comprometida con los objetivos globales de sostenibilidad.

IMPORTANTE

Aplicar criterios de eficiencia energética, además de ser una opción técnica recomendable, se ha convertido en una necesidad estratégica para garantizar

Continúa en página siguiente >>

<< Viene de página anterior

la viabilidad, la rentabilidad y la sostenibilidad a largo plazo de las instalaciones frigoríficas.

 TAREA 1

Carla trabaja en una empresa de frío industrial y debe elaborar un cuadro que describa los componentes clave para mejorar la eficiencia energética en estas instalaciones.

Para cada componente, el cuadro debe incluir nombre del componente, función principal, cómo contribuye al ahorro energético y una buena práctica para optimizar su rendimiento.

¿Puedes ayudar a Carla a realizar el cuadro indicado?

---

5. Resumen

La eficiencia energética es esencial para el desarrollo económico, ambiental y tecnológico frente a la escasez de recursos fósiles, la inestabilidad de precios y el cambio climático. En la industria, y particularmente en la frigorífica, permite reducir costes, mejorar la productividad y aumentar la competitividad mediante tecnología, gestión eficiente y sensibilización del personal. Las principales razones para adoptarla son:

Medioambientales	Económicas	Normativas	Sociales y reputacionales

Entre sus beneficios destacan el ahorro económico, la reducción de la huella ambiental, la mejora operativa (mayor estabilidad, vida útil y calidad) y ventajas estratégicas como diferenciación, innovación y acceso a financiación verde.

España, con una alta dependencia energética y unos precios volátiles, ve en la eficiencia una forma de reducir los riesgos y los costes en ciertos sectores intensivos como el frigorífico, donde la electricidad puede suponer hasta el 70 % del consumo. Por ello, es crucial monitorizar los consumos, optimizar los contratos y aplicar medidas preventivas para mantener la competitividad.

La eficiencia energética no significa únicamente consumir menos, sino garantizar las condiciones de conservación con el mínimo gasto. Factores como el diseño, la tecnología, el aislamiento, la gestión y el mantenimiento influyen directamente en el consumo. Actuar sobre aspectos clave como compresores eficientes, automatización, recuperación de calor y aislamiento permite mejorar el rendimiento, reducir costes y prolongar la vida útil de los equipos. No aplicarla conlleva riesgos económicos, técnicos y reputacionales.

Ejercicios de autoevaluación
Unidad de Aprendizaje 1

1. Indica si las siguientes oraciones son verdaderas o falsas.

a. La eficiencia energética en la industria es opcional y no tiene impacto estratégico.

   ■ Verdadero
   ■ Falso

b. La industria frigorífica tiene un alto consumo energético debido a la operación continua de sistemas de refrigeración y congelación.

   ■ Verdadero
   ■ Falso

c. Las empresas que mejoran su eficiencia energética solo reducen costes, pero no ganan competitividad ni mejoran su imagen ambiental.

   ■ Verdadero
   ■ Falso

d. La eficiencia energética en la industria frigorífica busca, entre otras cosas, prolongar la vida útil de los equipos y mantener la fiabilidad de los procesos.

   ■ Verdadero
   ■ Falso

2. La eficiencia energética en la industria frigorífica es especialmente importante porque:

a. Tiene un consumo energético elevado debido a la operación continua de los sistemas de refrigeración.
b. Su consumo energético es bajo.
c. No requiere condiciones térmicas estables.
d. Solo afecta a sectores no esenciales.

3. Las estrategias como la Agenda 2030 y el Acuerdo de París:

    a. Impulsan la eficiencia energética como parte del desarrollo sostenible.
    b. No tienen relación con la eficiencia energética.
    c. Son opcionales y no relevantes para la industria.
    d. Solo afectan al sector agrícola.

4. El concepto de eficiencia energética comenzó a convertirse en un elemento relevante a raíz de:

    a. La firma del Protocolo de Kioto.
    b. Las crisis del petróleo en los años 70.
    c. El año 2020.
    d. La invención de los sistemas frigoríficos.

5. Entre los beneficios medioambientales de la eficiencia energética se encuentra:

    a. Incrementar el consumo de energía fósil.
    b. Reducir las emisiones de gases de efecto invernadero.
    c. Aumentar las emisiones de CO_2.
    d. Elevar la huella de carbono.

6. Un beneficio estratégico e intangible de la eficiencia energética es:

    a. Deteriorar la percepción externa de la marca.
    b. Fortalecer el compromiso con la sostenibilidad y atraer inversión.
    c. Disminuir la reputación empresarial.
    d. Complicar la adaptación a normativas ambientales.

7. La industria frigorífica en España es vulnerable a los precios de la energía porque:

    a. Tiene una baja demanda energética.
    b. España produce toda su energía.
    c. Depende de la importación de energía y requiere de un suministro constante.
    d. Utiliza solo energías renovables.

8. Uno de los principales factores que influye en los costes energéticos es:

    a. Exclusivamente el mantenimiento de los equipos.
    b. La geopolítica, el mercado de emisiones y la oferta/demanda.
    c. La calidad del producto final.
    d. Solo la automatización.

9. La eficiencia energética en la industria frigorífica significa:

    a. Solo gastar menos, sin importar la calidad.
    b. Mantener las condiciones necesarias con el menor consumo posible.
    c. Priorizar siempre la reducción de personal.
    d. Mantener el consumo energético elevado para garantizar estabilidad.

10. Para reducir el consumo energético, es importante analizar:

    a. Solo la potencia contratada.
    b. Solo la climatología externa.
    c. Todos los componentes de la instalación y su interacción.
    d. Únicamente la iluminación.

Eficiencia energética y ahorro

Contenido

Objetivos

El objetivo general de esta Unidad de Aprendizaje es:

→ Conocer las fuentes de energía y las estrategias para gestionar, diagnosticar y optimizar su uso en la industria frigorífica, reduciendo costes y mejorando la sostenibilidad.

Los objetivos específicos de esta Unidad de Aprendizaje son:

→ Identificar las principales fuentes de energía y alternativas sostenibles aplicables a la industria frigorífica.

→ Comprender el proceso y los beneficios del diagnóstico energético para detectar y corregir ineficiencias.

→ Aplicar buenas prácticas y estrategias para optimizar el consumo energético y minimizar el impacto ambiental.

→ Analizar las características, los desafíos y las estrategias para optimizar el uso de la electricidad y el gas natural en instalaciones de frío industrial.

1. Introducción

La eficiencia energética y el ahorro son pilares fundamentales para la sostenibilidad económica y ambiental de la industria frigorífica. La naturaleza intensiva del uso de la energía en este sector, debido a la necesidad de mantener unas condiciones de frío constantes, hace imprescindible optimizar el uso de los recursos energéticos para reducir los costes operativos, minimizar las emisiones de gases de efecto invernadero y garantizar la competitividad de las empresas.

Lograr un uso eficiente de la energía implica, además del uso de tecnologías adecuadas y fuentes energéticas apropiadas, una gestión inteligente y responsable de los procesos. La combinación de un consumo controlado, la integración de energías renovables y el conocimiento detallado de las necesidades reales de la instalación permite alcanzar un equilibrio entre productividad, ahorro y cuidado del medioambiente.

Durante la visita por la planta, gracias a Laura, Tomás ha descubierto que la eficiencia y el ahorro energético son esenciales para que la industria frigorífica siga siendo competitiva y sostenible. Debido a la gran cantidad de energía que se requiere para mantener el frío constante, es clave optimizar los recursos para reducir los costes, disminuir las emisiones y proteger el medioambiente. Ambos han debatido acerca de que no es suficiente con tener buenas tecnologías y energías adecuadas, sino que también hace falta incorporar una gestión responsable, un control preciso del consumo y, siempre que sea posible, integrar energías renovables para equilibrar la productividad, el ahorro y la sostenibilidad, puesto que cuidar la energía también es cuidar del futuro de la empresa y del planeta.

2. Objetivo de la gestión energética en la industria frigorífica

☞ HILO CONDUCTOR

Laura y Tomás se han detenido frente al panel de control que gestiona la instalación. Laura, cuaderno en mano, le explicó a Tomás que la gestión energética en la industria frigorífica no consiste únicamente en ahorrar en la factura eléctrica,

Continúa en página siguiente >>

[43]

<< Viene de página anterior

sino en asegurar que toda la cadena, desde el almacenamiento hasta la distribución, mantenga los productos en condiciones óptimas, sin interrupciones y con el menor impacto ambiental posible. Tomás le dio la razón, comprendiendo que los objetivos de esta gestión no deben ser exclusivamente económicos, sino también sociales y ambientales, para garantizar la sostenibilidad del negocio frente a los retos energéticos y climáticos del presente y del futuro.

La industria frigorífica es un sector industrial con una gran demanda energética debido a la necesidad continua de mantener los productos a bajas temperaturas durante su procesamiento, su almacenamiento y su distribución. La gestión energética en este contexto no solo busca reducir el consumo energético y los costes asociados, sino también asegurar la calidad de los productos, garantizar la continuidad del servicio y minimizar el impacto ambiental.

Los principales **objetivos** de la gestión energética en la industria frigorífica son:

- ⮞ **Reducción del consumo energético:** el objetivo principal de la gestión energética es reducir el consumo sin afectar la calidad ni la seguridad. Para ello, se optimizan procesos de refrigeración, se mejora la eficiencia de equipos e instalaciones y se minimizan las pérdidas térmicas. Las auditorías, la monitorización y el análisis de datos permiten detectar oportunidades de ahorro y definir acciones correctivas.
- ⮞ **Disminución de los costes de operación:** en las instalaciones frigoríficas, el consumo energético puede representar entre el 40 % y el 70 % del coste de producción. La gestión energética ayuda a reducir estos costes mediante la elección de equipos eficientes, la optimización de horarios para aprovechar tarifas más bajas y el uso de sistemas de control inteligente.
- ⮞ **Garantía de la calidad y seguridad de los productos:** los productos en las instalaciones frigoríficas, como alimentos y medicamentos, requieren de unas condiciones térmicas estrictas. Una buena gestión energética garantiza el cumplimiento de las normas sanitarias, previene pérdidas por deterioro y protege la salud de los consumidores.
- ⮞ **Aumento de la competitividad:** las empresas del sector frigorífico operan en mercados altamente competitivos, donde los costes energéticos pueden influir significativamente en los márgenes de beneficio. Una gestión eficiente de la energía permite a las empresas ser más competitivas, ofreciendo precios más ajustados sin comprometer la calidad del servicio.
- ⮞ **Reducción del impacto ambiental:** en la industria frigorífica, el consumo eléctrico, debido principalmente a las fuentes fósiles, genera

emisiones de gases de efecto invernadero. La gestión energética busca reducir estas emisiones mediante el aumento de la eficiencia, las energías renovables y un menor consumo, ayudando así a cumplir normativas ambientales y mejorando la imagen corporativa.

- **Cumplimiento de la legislación y las normativas:** existen leyes y reglamentos, tanto nacionales como internacionales, que obligan a las empresas a adoptar medidas de eficiencia energética y sostenibilidad. Una buena gestión energética facilita el cumplimiento de estas obligaciones y evita sanciones o restricciones de mercado.
- **Fomento de la cultura de la eficiencia energética:** un objetivo clave de la gestión energética es fomentar una cultura organizacional comprometida con el uso eficiente de la energía. Para ello, la formación y la sensibilización de todo el personal son fundamentales para sostener y mejorar continuamente los resultados.

La gestión energética en la industria frigorífica no es solo una estrategia para ahorrar costes, sino una **herramienta integral** que contribuye a la **sostenibilidad económica, social y ambiental de las empresas.** Su adecuada implementación permite asegurar el futuro del sector frente a los retos energéticos y climáticos actuales y venideros.

 ## PARA SABER MÁS

En la página web del Instituto para la Diversificación y Ahorro de la Energía (IDAE) se puede acceder a diversas guías técnicas relacionadas con el ahorro y la eficiencia energética en climatización. Puedes acceder a ellas desde el siguiente enlace.

https://redirectoronline.com/enac022po0201

3. Las energías de red: electricidad y gas natural

👉 HILO CONDUCTOR

Mientras revisaban la sala de calderas y el cuarto eléctrico, Laura le explicó a Tomás que las instalaciones frigoríficas dependen principalmente de dos energías de red: la electricidad y el gas natural. La electricidad es un elemento indispensable para los compresores, los ventiladores y los sistemas de control; puede suponer hasta el 90 % del consumo energético y presenta retos como su alto coste, su impacto ambiental y la necesidad de gestionar bien los picos de demanda. Por otro lado, el gas natural, aunque menos utilizado, resulta clave para otros procesos térmicos como el agua caliente y, en ocasiones, la cogeneración, siendo una energía eficiente y competitiva, aunque con desafíos propios. Ambos llegaron a la conclusión de que conocer las características, los retos y las estrategias de ambas fuentes es esencial para optimizar su uso y lograr una gestión energética eficaz y sostenible en la industria frigorífica.

- -

Las instalaciones frigoríficas requieren de grandes cantidades de energía para mantener las bajas temperaturas necesarias para la conservación y el procesamiento de los productos. Esta energía proviene, en la mayoría de los casos, de las denominadas energías de red, principalmente la electricidad y el gas natural.

Comprender las características, los usos y los desafíos asociados a estas fuentes es fundamental para una gestión energética eficaz.

3.1. Electricidad

La electricidad es la principal fuente de energía en la industria frigorífica, ya que alimenta los sistemas de refrigeración, ventilación, iluminación, control y otros equipos auxiliares. Su disponibilidad inmediata, su facilidad de distribución y versatilidad la convierten en la energía más utilizada en este sector.

SABÍAS QUE...

En una instalación frigorífica, entre el 60 % y el 90 % de la electricidad consumida corresponde a los compresores y los sistemas de refrigeración.

La electricidad es una forma de energía indispensable en la industria frigorífica y presenta características propias que influyen en su gestión y en la estrategia energética de la empresa. Entre sus características específicas, destacamos las siguientes:

- **Acceso universal:** la red eléctrica nacional garantiza un suministro constante y accesible en las zonas industriales, lo que facilita la operación de las instalaciones frigoríficas sin requerir almacenamiento ni logística adicional.
- **Coste variable:** el precio de la electricidad varía según la demanda, la tarifa contratada y las fluctuaciones de los mercados energéticos. Por ello, es clave planificar el consumo, trasladarlo a horas más económicas y negociar contratos ventajosos para reducir costes.
- **Eficiencia:** en el punto de consumo, los sistemas eléctricos son muy eficientes, convirtiendo casi toda la energía en trabajo útil. No obstante, durante la generación, el transporte y la distribución se producen pérdidas, por lo que la energía entregada a la instalación es menor que la generada inicialmente.
- **Dependencia de fuentes fósiles y renovables:** la electricidad es un vector energético generado a partir de fuentes fósiles, nucleares o renovables. Su impacto ambiental depende del mix energético del país: a mayor uso de renovables, menor huella de carbono; si predomina el uso de fósiles, la electricidad resulta más contaminante.

 ## IMPORTANTE

Las características de la electricidad como fuente de energía, su disponibilidad universal, su coste variable, su eficiencia en el punto de consumo y su dependencia de diversas fuentes primarias, hacen que su gestión sea un aspecto estratégico para las empresas frigoríficas. Entender estos factores permite tomar decisiones informadas para optimizar su uso, reducir los costes y minimizar el impacto ambiental.

Aunque la electricidad es esencial para la industria frigorífica, su utilización también plantea una serie de retos que las empresas deben afrontar para asegurar un uso eficiente, económico y sostenible. Estos retos están relacionados principalmente con su coste, su disponibilidad en momentos críticos, el impacto ambiental y la necesidad de adaptación a normativas y tecnologías en constante evolución. Los **principales desafíos** asociados al uso de la electricidad como energía principal son:

⮞ **Coste elevado y volatilidad de precios:** en las industrias con altos consumos como la frigorífica, la electricidad tiene un coste elevado y volátil, influido por la demanda global, los precios de materias primas y el clima. Esta inestabilidad complica la planificación financiera y puede reducir los márgenes de beneficio.

⮞ **Dependencia del suministro continuo:** las instalaciones frigoríficas dependen de un suministro eléctrico continuo para mantener las temperaturas. Cualquier corte, por breve que sea, puede dañar los productos, provocar pérdidas económicas y acarrear sanciones sanitarias.

⮞ **Impacto ambiental indirecto:** aunque durante su consumo no se producen emisiones directamente, la electricidad de origen fósil sí genera emisiones en su producción. Por ello, las instalaciones frigoríficas, al consumir mucha electricidad, contribuyen indirectamente al cambio climático.

⮞ **Pérdidas en el sistema eléctrico:** una parte de la electricidad se pierde durante su transporte y su distribución. Estas pérdidas no afectan a la operación de la planta, pero aumentan el coste y reflejan la ineficiencia del sistema energético.

⮞ **Adaptación a nuevas tecnologías y normativas:** el sector energético avanza con las nuevas tecnologías, normativas y exigencias de sostenibilidad. Las empresas deben invertir en formación, monitorización y modernización para cumplir los requisitos y aprovechar las oportunidades de ahorro.

Implementar estrategias para optimizar el uso de la energía eléctrica es esencial para mejorar la eficiencia energética, reducir los costes y cumplir con las normativas ambientales y de sostenibilidad. Estas estrategias pueden abarcar tanto medidas técnicas como organizativas, y suelen enfocarse en reducir el consumo, desplazarlo a momentos más económicos y maximizar la eficiencia de los equipos. Las principales estrategias que se llevan a cabo son:

⮞ **Contratar tarifas eléctricas adecuadas:** seleccionar una tarifa eléctrica que se ajuste al perfil de consumo de la instalación es clave para reducir costes sin modificar los procesos. Esto incluye aprovechar las tarifas horarias, negociar precios con las comercializadoras o elegir modalidades indexadas al mercado cuando resulte ventajoso.

- **Desplazar consumos a horas con menor coste:** muchas tarifas eléctricas penalizan el consumo durante las horas punta y lo abaratan en las horas valle. Por eso, planificar las operaciones para que las cargas más intensivas se produzcan en momentos de menor coste contribuye a reducir la factura energética.
- **Mejorar la eficiencia de los equipos:** la sustitución o modernización de los equipos por otros más eficientes reduce el consumo energético manteniendo el mismo nivel de servicio. Esto incluye compresores, motores, ventiladores, iluminación y sistemas de control.
- **Implantar sistemas de monitorización y control:** los sistemas de gestión energética y monitorización en tiempo real permiten detectar consumos anómalos, optimizar la operación de los equipos y planificar mantenimientos preventivos que aseguren su rendimiento óptimo.
- **Recuperar y reutilizar energía:** El calor generado por los equipos de refrigeración puede ser recuperado y utilizado en otros procesos dentro de la instalación, como la producción de agua caliente sanitaria o calefacción en zonas auxiliares.
- **Integrar energías renovables:** complementar la electricidad de la red con fuentes renovables como la energía solar fotovoltaica o eólica permite reducir la dependencia de la red, disminuir las emisiones de CO_2 y controlar mejor los costes energéticos.
- **Formación y concienciación del personal:** el comportamiento de los trabajadores influye significativamente en el consumo energético. Sensibilizar al personal sobre buenas prácticas, como cerrar las puertas de las cámaras rápidamente, no obstruir conductos de ventilación o informar de fallos en los equipos, contribuye a optimizar el uso de la electricidad.

 IMPORTANTE

Optimizar el uso de la electricidad en la industria frigorífica requiere de una combinación de tecnología, organización y cultura empresarial. Aplicar estrategias bien planificadas, además de reducir los costes operativos, también mejora la sostenibilidad ambiental y la competitividad empresarial.

3.2. Gas natural

El gas natural es otra de las principales energías utilizadas en la industria frigorífica, aunque en menor medida que la electricidad. Su uso está especialmente asociado a los procesos de generación térmica, producción de agua caliente sanitaria, descongelación, calefacción de áreas auxiliares e incluso cogeneración (producción simultánea de electricidad y calor).

El gas natural presenta varias **características** que lo convierten en una opción eficiente y competitiva para cubrir las necesidades térmicas en las instalaciones frigoríficas:

- **Acceso amplio, aunque no universal:** el gas natural se distribuye a través de redes, pero su disponibilidad depende de la infraestructura local. En muchas zonas industriales está disponible, pero en áreas rurales o alejadas de los gasoductos puede no estarlo.
- **Coste competitivo y más estable:** comparado con otros combustibles fósiles (como el gasóleo o el fuel), el gas natural suele ser más económico y menos volátil en precio, lo que facilita la planificación financiera.
- **Alta eficiencia en su uso:** los equipos que utilizan gas natural, como calderas y quemadores, alcanzan altas eficiencias energéticas (hasta el 95-98 % en calderas de condensación). Además, permite su uso en los sistemas de cogeneración para generar electricidad y calor simultáneamente, maximizando su aprovechamiento.
- **Menor impacto ambiental que otros fósiles:** el gas natural emite menos CO_2 y contaminantes que el carbón o el fuel al quemarse, por lo que su impacto ambiental es menor, aunque sigue siendo un combustible fósil no renovable.

Aunque ventajoso en muchos aspectos, el gas natural también presenta **desafíos** que las empresas frigoríficas deben gestionar adecuadamente:

- **Disponibilidad limitada geográficamente:** no todas las áreas cuentan con redes de distribución de gas natural, lo que puede obligar a recurrir a alternativas más caras o menos eficientes.
- **Emisiones de gases de efecto invernadero:** aunque más limpio que otros combustibles, sigue siendo una fuente de emisiones de CO_2 y metano, por lo que no es una solución neutra para el clima.
- **Fluctuaciones y dependencia externa:** aunque históricamente más estable, su precio también está sujeto a factores externos como tensiones geopolíticas o variaciones en la oferta mundial, lo que puede generar incertidumbre.
- **Seguridad y mantenimiento:** el manejo del gas requiere cumplir estrictas normas de seguridad y un mantenimiento riguroso para evitar fugas, incendios o explosiones.

Para maximizar los beneficios del gas natural y minimizar sus inconvenientes, se pueden aplicar diversas **estrategias de optimización,** entre las que se encuentran las siguientes:

- **Elegir equipos de alta eficiencia:** invertir en calderas, quemadores y sistemas de cogeneración modernos, de alta eficiencia y con tecnología de condensación para aprovechar mejor la energía del combustible.
- **Implementar sistemas de recuperación de calor:** el calor generado en los procesos de refrigeración o en la cogeneración puede ser recuperado para calentar agua, precalentar aire o mantener temperaturas en áreas auxiliares, reduciendo la demanda de gas adicional.
- **Monitorizar y controlar el consumo:** los sistemas de medición y control permiten detectar consumos innecesarios o ineficiencias en las instalaciones de gas.
- **Planificar el mantenimiento preventivo:** un mantenimiento adecuado asegura que los equipos operan a su máximo rendimiento, prolonga su vida útil y reduce los riesgos.
- **Considerar contratos a largo plazo o diversificación:** en los mercados volátiles, puede ser ventajoso negociar contratos de suministro a largo plazo o contar con alternativas (como propano) para garantizar la continuidad y controlar costes.
- **Concienciación del personal:** formar a los operarios sobre el uso correcto de los equipos de gas, los riesgos asociados y las buenas prácticas para optimizar el consumo.

El gas natural es una opción energética **eficiente, competitiva y relativamente limpia** para cubrir las necesidades térmicas de la industria frigorífica. Conociendo sus características, gestionando sus retos y aplicando las estrategias adecuadas, las empresas pueden reducir sus costes, mejorar la sostenibilidad y aumentar la seguridad de sus instalaciones.

 TAREA 2

Luis trabaja en una empresa de frío industrial y debe elaborar un resumen que describa las principales características, desafíos y estrategias de optimización para el uso de la electricidad y el gas natural en las instalaciones frigoríficas. Este resumen debe incluir el nombre de la energía, sus características principales, los desafíos a los que se enfrenta y una estrategia de optimización de su utilización. Ayúdalo a elaborarlo.

4. Diversificación energética: energías alternativas

☞ HILO CONDUCTOR

En su recorrido por la planta, Laura explicó a Tomás que una de las estrategias más habituales en la industria frigorífica es la diversificación energética, es decir, incorporar energías alternativas para reducir la dependencia de la electricidad y el gas natural, y avanzar hacia una mayor sostenibilidad. Le mostró ejemplos reales que se usan en la empresa, como los paneles solares fotovoltaicos para el autoconsumo eléctrico, los colectores solares térmicos para el agua caliente, las calderas de biomasa para generar calor con residuos, las bombas geotérmicas para aprovechar el calor del subsuelo, y los sistemas de cogeneración o trigeneración que combinan calor, frío y electricidad con alta eficiencia. Tomás se ha dado cuenta de que, aunque cada opción presenta retos propios, requieren de un inversión inicial importante, pero los beneficios económicos, ambientales y operativos convierten la diversificación energética en una apuesta estratégica para el futuro de la refrigeración industrial.

La diversificación energética es una estrategia clave en la industria frigorífica para mejorar la eficiencia, reducir la dependencia de las energías convencionales (electricidad y gas natural) y avanzar hacia una mayor sostenibilidad ambiental. Esta diversificación consiste en **incorporar energías alternativas, preferiblemente renovables,** al mix energético de la instalación, con el objetivo de reducir los costes operativos, minimizar las emisiones de gases de efecto invernadero y aumentar la seguridad energética.

Las energías alternativas no solo representan una respuesta ante la creciente presión normativa y social por reducir el impacto ambiental, sino también una oportunidad para lograr una mayor autonomía energética, especialmente en un contexto de volatilidad de los precios energéticos.

El uso de energías alternativas debe aplicarse a todos los sectores, tanto industriales como domésticos.

4.1. Energía solar fotovoltaica

La energía solar fotovoltaica permite generar electricidad mediante la conversión directa de la radiación solar en energía eléctrica a través de paneles solares. Esta electricidad puede ser utilizada para alimentar los sistemas de refrigeración, iluminación, control y otros equipos eléctricos.

La energía solar fotovoltaica permite reducir significativamente el consumo de electricidad de la red, disminuyendo la dependencia de las comercializadoras y sus costes energéticos. Tras la inversión inicial, los costes operativos son mínimos y contribuyen a una notable reducción de la huella de carbono al ser una fuente limpia y sin emisiones locales. Además, ofrece la posibilidad del autoconsumo y, en muchos casos, de vender a la red los excedentes generados, lo que mejora su rentabilidad.

Implementación de energía solar fotovoltaica en una planta frigorífica, reduciendo costos energéticos y disminuyendo la huella de carbono del proceso industrial.

Entre sus **limitaciones** destacan:

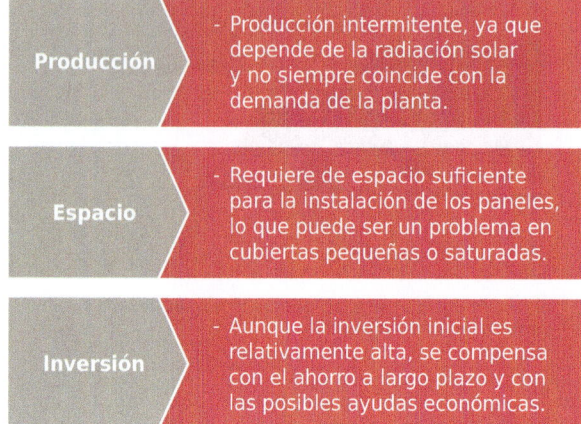

Producción
- Producción intermitente, ya que depende de la radiación solar y no siempre coincide con la demanda de la planta.

Espacio
- Requiere de espacio suficiente para la instalación de los paneles, lo que puede ser un problema en cubiertas pequeñas o saturadas.

Inversión
- Aunque la inversión inicial es relativamente alta, se compensa con el ahorro a largo plazo y con las posibles ayudas económicas.

4.2. Energía solar térmica

La energía solar térmica permite aprovechar la radiación solar para calentar agua o fluidos térmicos, lo que reduce el consumo de combustibles fósiles y los costes asociados a la generación de calor. Tras la instalación, sus costes de operación y mantenimiento son muy bajos, ya que el sol es una fuente gratuita e inagotable. Además, es una tecnología limpia, sin emisiones locales, que mejora la sostenibilidad de la instalación y contribuye al cumplimiento de normativas ambientales. También es una solución sencilla y probada, especialmente útil para aplicaciones como limpieza, duchas o descongelación.

Sin embargo, la energía solar térmica también presenta **limitaciones** importantes:

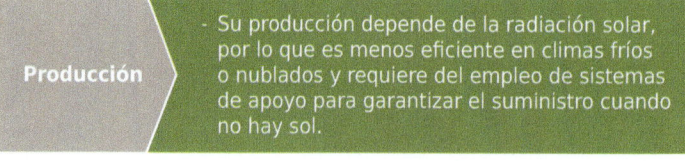

Producción
- Su producción depende de la radiación solar, por lo que es menos eficiente en climas fríos o nublados y requiere del empleo de sistemas de apoyo para garantizar el suministro cuando no hay sol.

Continúa en página siguiente >>

<< Viene de página anterior

Espacio	- Requiere de superficies disponibles y adecuadas para instalar los colectores, lo que puede limitar su implantación en espacios reducidos.
Inversión	- Aunque se ha abaratado su coste, la inversión inicial puede ser significativa y suele necesitar un sistema de almacenamiento térmico para aprovechar mejor la energía generada.

4.3. Biomasa

El uso de biomasa en la industria frigorífica permite generar calor a partir de residuos orgánicos, como astillas, *pellets* o subproductos agrícolas, lo que reduce la dependencia de combustibles fósiles y contribuye a la economía circular. Su coste como combustible suele ser más bajo y estable que el del gasoleo o el gas natural, lo que facilita la planificacion economica. Además, es una fuente renovable y gestionable, con menor impacto ambiental en comparación con los combustibles convencionales, y permite valorizar residuos locales, generando beneficios económicos y ambientales al entorno.

Entre sus limitaciones destacan:

Espacio
- Hay una necesidad de disponer de espacio suficiente para almacenar la biomasa, ya que ocupa un volumen mayor que los combustibles líquidos o gaseosos.

Mantenimiento
- Requiere un mayor mantenimiento de las instalaciones para garantizar un funcionamiento eficiente y seguro, debido a las cenizas y las partículas generadas.

Emisiones
- Aunque es más limpia que los fósiles, la combustión de la biomasa sigue produciendo emisiones que deben controlarse para cumplir con las normativas ambientales.

Continúa en página siguiente >>

<< Viene de página anterior

Logística
- La logística del suministro puede ser más compleja, especialmente en zonas con poca disponibilidad de biomasa de calidad.

4.4. Energía geotérmica

La energía geotérmica permite aprovechar el calor del subsuelo de forma continua y estable durante todo el año, independientemente de las condiciones climáticas. Esto la convierte en una fuente muy fiable y eficiente para generar calor (y también frío mediante bombas de calor geotérmicas), ideal para calefactar oficinas, disponer de agua caliente o incluso como apoyo a los sistemas de refrigeración. Al ser renovable y local, reduce la dependencia de los combustibles fósiles y presenta un impacto ambiental muy bajo durante su operación, sin emisiones directas ni residuos. Además, sus sistemas suelen tener una larga vida útil y bajos costes de mantenimiento una vez instalados.

A pesar de sus ventajas, la energía geotérmica también presenta **limitaciones** importantes:

Inversión
- Requiere una inversión inicial elevada debido a la necesidad de perforaciones y estudios geológicos para determinar la viabilidad del terreno.

Instalación
- Su instalación depende de las características geológicas del lugar, por lo que no es aplicable en todas las ubicaciones.

Trabajos previos
- Los trabajos iniciales pueden ser complejos y tardar semanas o meses.

Mantenimiento
- Aunque su mantenimiento es relativamente sencillo, las reparaciones pueden ser costosas si surgen problemas en las sondas subterráneas.

4.5. Biogás

El biogás permite aprovechar los residuos orgánicos, como restos alimen-
tarios, estiércol o subproductos industriales, para generar energía en forma
de gas combustible. Esto contribuye a la valorización de los residuos que,
de otro modo, serían un problema ambiental, reduciendo la dependencia
de los combustibles fósiles. Puede utilizarse para generar calor en calderas
o electricidad en motores de cogeneración, cubriendo parte de las necesidades energéticas de la planta. Además, el biogás es una fuente renovable y ayuda a disminuir las emisiones de metano que los residuos generan
al descomponerse sin control. También produce un digestato que puede
emplearse como fertilizante, cerrando el ciclo de aprovechamiento de los
recursos.

Entre sus limitaciones están:

Residuos
- No siempre es posible contar con suficiente cantidad
y regularidad de residuos para alimentar la planta
de biogás en las instalaciones pequeñas o con poca
producción orgánica.

Inversión
- Requiere de una inversión inicial importante y un
control técnico constante para mantener la producción
estable y segura.

Poder calorífico
- Además, el biogás tiene un poder calorífico inferior al
del gas natural y su composición puede variar, por lo
que debe depurarse para ciertos usos.

Mantenimiento
- Su gestión y su mantenimiento son más complejos que
otras fuentes, ya que involucra procesos biológicos
sensibles a variaciones de temperatura y pH.

4.6. Cogeneración y trigeneración con energías renovables

En las instalaciones de alto consumo térmico y eléctrico, es posible combi-
nar la producción de electricidad y calor (cogeneración) o incluso frío (trigeneración) utilizando energías renovables o biocombustibles. Esta solución
maximiza la eficiencia del sistema.

La principal ventaja de la cogeneración es que permite producir simultáneamente electricidad y calor útil a partir de una única fuente de energía, logrando rendimientos globales superiores al 80 %. La trigeneración va un paso más allá, utilizando parte del calor para generar también frío mediante equipos de absorción, lo que resulta especialmente interesante en las instalaciones frigoríficas.

Si se utilizan energías renovables, como el biogás o la biomasa, el sistema combina la alta eficiencia con las bajas emisiones de carbono y una menor dependencia de los combustibles fósiles. Esto permite reducir significativamente los costes energéticos, optimizar el uso de los recursos locales (como residuos orgánicos) y cumplir con las normativas ambientales, cada vez más exigentes. Además, estos sistemas proporcionan una gran autonomía energética, ya que generan parte o toda la electricidad, el calor y/o el frío necesarios en la planta.

SABÍAS QUE...

La diversificación energética mediante la incorporación de energías alternativas es una estrategia clave para modernizar y hacer más sostenible la industria frigorífica. Aunque requiere de inversión y planificación, sus beneficios económicos, ambientales y operativos la convierten en una decisión estratégica con gran potencial de retorno. El futuro de la refrigeración industrial pasa por el uso de sistemas integrados, eficientes y alimentados en parte por fuentes renovables.

- -

ACTIVIDAD COMPLEMENTARIA

2. Investiga sobre el triogás (mezcla de gases utilizada como energía) y el biogás (gas renovable producido a partir de residuos orgánicos). Para ello tendrás que:

   · Identificar qué es el biogás, de dónde se obtiene y para qué se usa.
   · Identificar qué es el triogás, de dónde se obtiene y para qué se usa.
   · Compararlos indicando su origen, los componentes, el impacto ambiental y sus usos, así como sus ventajas e inconvenientes.

- -

5. El diagnóstico energético

☞ HILO CONDUCTOR

Mientras recorrían las instalaciones frigoríficas, Laura le explicó a Tomás que el primer paso para mejorar la eficiencia de la planta es realizar un diagnóstico energético. Analizar de forma sistemática los flujos de energía, los equipos y los procesos les permite identificar dónde se consume más, por qué y cómo optimizarlo. Con este diagnóstico se pueden detectar ineficiencias, cuantificar consumos y costes, y establecer un plan de acción fundamentado. Además, comentó Laura, también aporta beneficios claros: reduce costes, mejora la sostenibilidad, prolonga la vida útil de los equipos y aumenta la conciencia del personal sobre un uso racional de la energía. Tomás comprendió que el diagnóstico no solo evalúa, sino que impulsa la competitividad y la responsabilidad ambiental de la empresa.

El **diagnóstico energético** es una herramienta fundamental para evaluar el consumo de energía en una instalación frigorífica y detectar las oportunidades de mejora en su eficiencia energética. Consiste en analizar de forma sistemática los flujos de energía, los equipos y los procesos para identificar dónde, cómo y por qué se consume energía, así como las acciones que se pueden implementar para optimizar su uso.

Este proceso constituye el primer paso para diseñar e implantar un plan de gestión energética efectivo, ya que permite conocer la situación de partida, cuantificar los consumos y los costes energéticos, además de establecer una base sólida para tomar decisiones técnicas y económicas fundamentadas.

5.1. Objetivos del diagnóstico energético

El diagnóstico energético en una instalación frigorífica tiene como propósito analizar y comprender en profundidad el modo en el que se consume la energía, así como las posibles ineficiencias presentes en los equipos y los procesos. Este análisis permite identificar los puntos críticos y evaluar el rendimiento de las instalaciones, así como proponer soluciones concretas y establecer herramientas de seguimiento. Los objetivos principales de un diagnóstico energético son:

- **Identificar los consumos energéticos:** conocer en detalle la cantidad de energía que se consume y en qué procesos o equipos.
- **Detectar ineficiencias y pérdidas:** localizar fugas, sobreconsumos, equipos obsoletos o mal dimensionados, y hábitos de operación inadecuados.
- **Evaluar la eficiencia de los equipos y las instalaciones:** comprobar si los equipos funcionan dentro de los parámetros de diseño y si existen tecnologías disponibles más eficientes.
- **Proponer medidas de mejora:** elaborar un plan de acciones técnicas, organizativas o de inversión que permitan reducir el consumo, los costes y las emisiones.
- **Establecer indicadores energéticos:** definir los parámetros que permitan medir la evolución y el impacto de las acciones implementadas.

5.2. Etapas del diagnóstico energético

Un diagnóstico energético bien ejecutado se desarrolla en varias fases, que incluyen tanto el trabajo de campo como el análisis de datos. Dichas fases son:

- **Recopilación de información:** se recopilan datos históricos de consumos energéticos, facturación, características técnicas de los equipos y las instalaciones, planos, procedimientos operativos y horarios de funcionamiento.
- **Inspección y mediciones en planta:** se realiza una visita detallada a las instalaciones para observar los procesos, identificar puntos críticos y efectuar mediciones con instrumentos adecuados (caudalímetros, analizadores eléctricos, termómetros, cámaras termográficas, etc.).
- **Análisis de los datos:** se procesan los datos recopilados y se comparan con estándares, referencias del sector y normativas vigentes para evaluar el desempeño energético. Se identifican las áreas de mayor consumo y las principales ineficiencias.
- **Propuesta de mejora:** se elabora un informe técnico que detalla las medidas correctivas y de mejora posibles, su impacto esperado en el ahorro de energía y las emisiones, la inversión necesaria y el tiempo de retorno.
- **Plan de seguimiento:** se recomienda establecer un plan de seguimiento con indicadores y auditorías periódicas para verificar que las acciones implementadas producen los resultados esperados.

 ## PARA SABER MÁS

En la página web de *Especificar,* se muestra un ejemplo de los pasos que seguir para realizar un diagnóstico energético. Accede desde aquí para verlo.

https://redirectoronline.com/enac022po0202

 ## APLICACIÓN PRÁCTICA

María está explicando a su equipo por qué es importante realizar un diagnóstico energético en la planta frigorífica. Les comenta que, además de ayudar a cuantificar los consumos y los costes, también tiene beneficios relacionados con la sostenibilidad y la mejora del uso racional de la energía.

Le han pedido que indique cuál de los beneficios estudiados en la unidad está directamente relacionado con la reducción de costes, la mejora de la sostenibilidad, la prolongación de la vida útil de los equipos y la concienciación del personal sobre el uso racional de la energía.

Solución

El diagnóstico energético no solo evalúa consumos y costes, sino que también permite detectar ineficiencias, optimizar el uso de la energía y aporta beneficios claros para la empresa, como la reducción de costes, la mejora de la sostenibilidad ambiental, la prolongación de la vida útil de los equipos y la concienciación del personal.

5.3. Beneficios del diagnóstico energético

La realización de un diagnóstico energético, además de permitir conocer en detalle el estado y el comportamiento energético de una instalación, también genera una serie de beneficios tangibles e intangibles para la empresa. Estos beneficios se reflejan tanto en aspectos económicos como operativos, ambientales y organizativos, consolidando el diagnóstico como una herramienta estratégica para la gestión eficiente de la energía. Entre los principales beneficios del diagnóstico energético se encuentran:

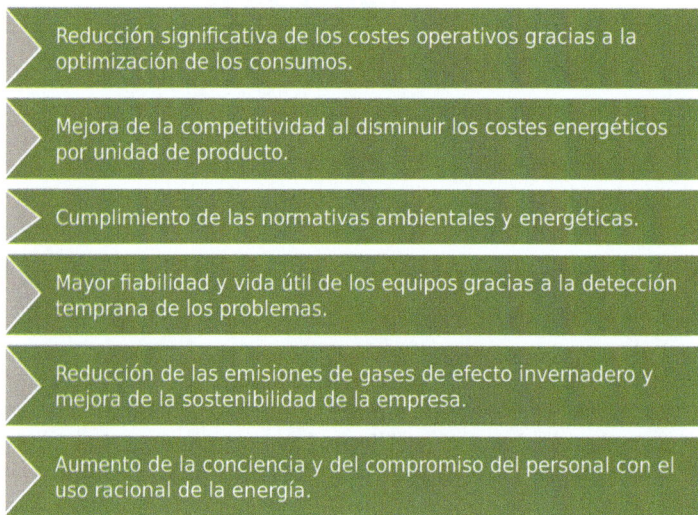

Reducción significativa de los costes operativos gracias a la optimización de los consumos.

Mejora de la competitividad al disminuir los costes energéticos por unidad de producto.

Cumplimiento de las normativas ambientales y energéticas.

Mayor fiabilidad y vida útil de los equipos gracias a la detección temprana de los problemas.

Reducción de las emisiones de gases de efecto invernadero y mejora de la sostenibilidad de la empresa.

Aumento de la conciencia y del compromiso del personal con el uso racional de la energía.

 **VÍDEO**

En el siguiente enlace puedes acceder a un vídeo en el que se explica qué es una auditoría energética y los pasos para realizarla. Accede desde aquí para verlo.

https://redirectoronline.com/enac022po0203

6. Resumen

La industria frigorífica es uno de los sectores con mayor consumo energético, principalmente debido a las necesidades de refrigeración y congelación de productos perecederos. Por ello, aplicar una gestión energética eficiente no solo reduce costes operativos, sino que también disminuye las emisiones contaminantes y mejora la competitividad y la sostenibilidad de la empresa.

Los principales objetivos de la gestión energética en la industria frigorífica son:

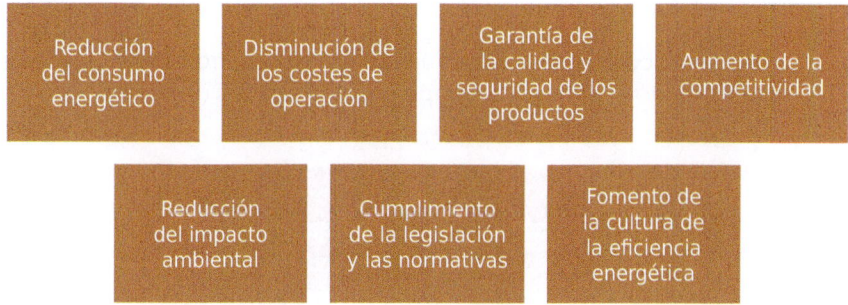

La electricidad es la principal fuente para los equipos de refrigeración, mientras que el gas natural cubre necesidades térmicas auxiliares. La gestión adecuada de contratos, tarifas y horarios, y la instalación de tecnologías eficientes son claves para reducir el impacto económico de estas energías.

Incorporar energías renovables como la solar, la biomasa o la geotermia ayuda a diversificar las fuentes, reducir la dependencia de los combustibles fósiles y disminuir la huella de carbono. Estas energías pueden integrarse de forma gradual y complementaria al suministro tradicional.

El diagnóstico es el primer paso para identificar ineficiencias, evaluar el estado de las instalaciones y proponer medidas correctivas y preventivas. Incluye la recopilación y el análisis de datos, la inspección de equipos, la definición de medidas y la elaboración de un plan de acción con estimaciones económicas.

Los objetivos principales de un diagnóstico energético son:

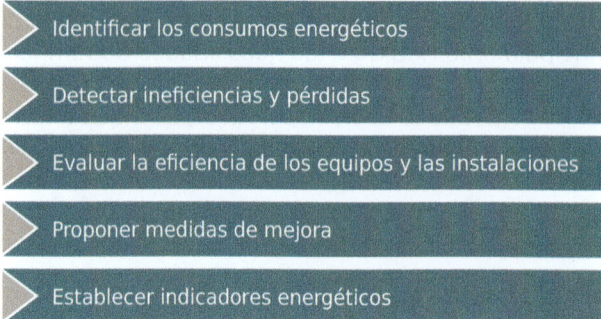

Un diagnóstico energético bien ejecutado se desarrolla en varias fases, que incluyen tanto el trabajo de campo como el análisis de datos:

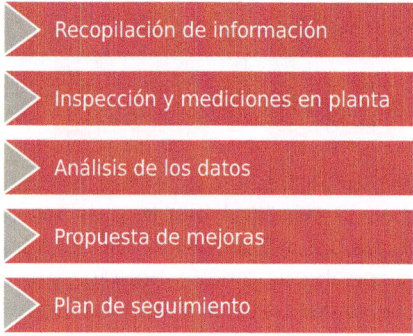

Ejercicios de autoevaluación
Unidad de Aprendizaje 2

1. Indica si las siguientes afirmaciones son verdaderas o falsas:

a. La industria frigorífica no requiere condiciones de frío constantes, por lo que su consumo energético es bajo.

■ Verdadero
■ Falso

b. Optimizar los recursos energéticos en la industria frigorífica ayuda a reducir costes operativos y emisiones.

■ Verdadero
■ Falso

c. Para un uso eficiente de la energía basta con instalar tecnologías adecuadas, sin necesidad de gestionar los procesos.

■ Verdadero
■ Falso

d. La integración de energías renovables y el conocimiento de las necesidades reales contribuyen al equilibrio entre productividad, ahorro y sostenibilidad ambiental.

■ Verdadero
■ Falso

2. La gestión energética en la industria frigorífica no solo busca ahorrar costes, sino también...

a. ... incrementar las emisiones.
b. ... garantizar la calidad de los productos y la sostenibilidad ambiental.
c. ... eliminar energías renovables.
d. ... sustituir todas las instalaciones.

3. Las instalaciones frigoríficas dependen principalmente de:

    a. Carbón y petróleo.
    b. Electricidad y gas natural.
    c. Biogás y energía geotérmica.
    d. Solo electricidad.

4. En una instalación frigorífica, el principal consumidor de electricidad son:

    a. Las luces.
    b. Los compresores y los sistemas de refrigeración.
    c. Las bombas de agua.
    d. Las oficinas.

5. Un ejemplo de estrategia para optimizar el consumo eléctrico es:

    a. Ignorar las tarifas horarias.
    b. Contratar tarifas adecuadas y desplazar consumos a horas valle.
    c. Aumentar las potencias contratadas.
    d. No hacer mantenimiento de equipos.

6. Una característica del gas natural es:

    a. Tiene alto impacto ambiental y es muy caro.
    b. Menor impacto ambiental que otros fósiles y alta eficiencia.
    c. Es renovable y gratuito.
    d. Solo se usa para electricidad.

7. La diversificación energética consiste en:

    a. Sustituir todas las energías renovables por fósiles.
    b. Incorporar energías alternativas para reducir la dependencia y mejorar la sostenibilidad.
    c. Incrementar el uso exclusivo de electricidad.
    d. Eliminar todas las fuentes auxiliares.

8. **La energía solar térmica se utiliza principalmente para:**

   a. Generar electricidad.
   b. Calentar agua o fluidos térmicos.
   c. Generar biogás.
   d. Enfriar las cámaras.

9. **La cogeneración permite producir simultáneamente:**

   a. Frío y biomasa.
   b. Calor y electricidad.
   c. Solo electricidad.
   d. Biogás y electricidad.

10. **Una ventaja de la cogeneración y la trigeneración con energías renovables es:**

   a. Alta dependencia de combustibles fósiles.
   b. Alta eficiencia y bajas emisiones de carbono.
   c. Alto coste operativo sin beneficios.
   d. Requiere siempre carbón.

Tecnologías horizontales

Contenido

Objetivos

El objetivo general de esta Unidad de Aprendizaje es:

→ Aplicar los principios, las tecnologías y las estrategias de eficiencia energética en sistemas frigoríficos e instalaciones industriales, promoviendo un uso racional de la energía y una reducción del impacto ambiental

Los objetivos específicos de esta Unidad de Aprendizaje son:

→ Identificar los componentes y el funcionamiento de los sistemas de refrigeración y congelación, incluyendo tecnologías horizontales asociadas como motores, iluminación y recuperación de calor.

→ Analizar y aplicar medidas de diseño, operación, mantenimiento y control que mejoren el rendimiento energético en instalaciones frigoríficas.

→ Evaluar e implementar soluciones de iluminación eficiente, considerando criterios técnicos, normativos y de sostenibilidad en entornos industriales y frigoríficos.

→ Analizar los aspectos clave de un sistema de iluminación eficiente en instalaciones frigoríficas, considerando los requisitos técnicos, normativos y energéticos.

1. Introducción

La eficiencia energética en la industria frigorífica no depende únicamente de los equipos de refrigeración utilizados, sino también de otras tecnologías y sistemas transversales, conocidos como tecnologías horizontales, que participan en los procesos productivos y de soporte. Estas tecnologías abarcan desde los sistemas de refrigeración y distribución de fluidos hasta los motores eléctricos, la iluminación y la recuperación de calor, todos ellos con un importante potencial de ahorro energético y mejora del rendimiento.

A menudo, los mayores consumos y las mayores oportunidades de ahorro energético no se concentran en un único elemento, sino que están repartidos entre los distintos subsistemas. Por ello, un enfoque integral de estas tecnologías horizontales permite optimizar el funcionamiento global de la instalación, reduciendo costes operativos y minimizando las emisiones contaminantes.

Laura le está explicando a Tomás que, más allá de los compresores, muchos consumos energéticos importantes son debidos a las tecnologías horizontales como bombas, motores o iluminación. Ambos han llegado a la conclusión de que la optimización de los sistemas puede reducir notablemente el consumo del sistema consiguiendo una planta frigorífica más eficiente.

2. Sistemas de refrigeración y congelación

HILO CONDUCTOR

Mientras Tomás revisaba los sistemas de refrigeración de la planta, aprovechó para explicarle a Laura que estos equipos eran esenciales para conservar los productos, pero que también eran los responsables de la mayor cantidad de consumo energético. Laura, interesada en entender su funcionamiento, le pidió a Tomás que le explicara los conceptos básicos y los componentes clave, como el compresor y el evaporador. Ambos han identificado distintas oportunidades de mejora si se aplicasen medidas de eficiencia como la mejora del aislamiento y la regulación de las temperaturas, de forma que, además de mejorar el rendimiento, también contribuirían en la reducción de costes y las emisiones de gases.

Los sistemas de refrigeración y congelación son esenciales en sectores como la alimentación, la farmacéutica, la logística y la química. Su objetivo es extraer calor para conservar los productos a temperaturas adecuadas, garantizando su calidad y su seguridad durante el almacenamiento o el transporte. Estos sistemas ralentizan el deterioro y cumplen los requisitos normativos.

En las últimas décadas, han incorporado tecnologías más eficientes y ecológicas, respondiendo a la preocupación por el consumo energético y las emisiones. Conocer su funcionamiento y su optimización es clave para mantener instalaciones competitivas y sostenibles.

2.1. Conceptos

Para entender el funcionamiento de los sistemas de refrigeración y congelación es necesario familiarizarse con algunos conceptos clave que definen estos procesos y su eficiencia. Estos términos permiten describir con precisión las condiciones a las que se someten los productos y evaluar el desempeño energético de las instalaciones. En particular, es fundamental distinguir entre:

- **Refrigeración:** proceso de conservación que mantiene la temperatura por encima de los 0 °C y por debajo de la temperatura ambiente con el fin de frenar el deterioro físico, químico o biológico sin llegar a congelar los productos.
- **Congelación:** proceso de enfriamiento por debajo de los 0 °C que congela el agua del producto, deteniendo las reacciones químicas y la proliferación microbiana, lo que permite su conservación prolongada.
- **Carga térmica:** cantidad de calor que debe eliminarse para mantener las condiciones deseadas.
- **Coeficiente de rendimiento (COP):** relación entre la energía consumida y la potencia frigorífica; cuanto menor sea, más eficiente es el sistema.
- **Refrigerante:** fluido que circula en el sistema y que transporta el calor. Puede ser natural (CO_2, amoniaco) o sintético (HFC).
- **Desescarche:** procedimiento para eliminar la escarcha o el hielo acumulado en los evaporadores, que reduce su rendimiento.

IMPORTANTE

Todos los conceptos anteriores se apoyan en principios físicos (termodinámica, transferencia de calor) y en características técnicas (tipos de equipos, fluidos refrigerantes, ciclos de funcionamiento) que determinan cómo y por qué funcionan los sistemas de frío.

Se puede asegurar que los conceptos básicos de refrigeración y congelación proporcionan el marco teórico y práctico para entender cómo los sistemas eliminan calor, cómo se mantienen los productos en condiciones óptimas y cómo se pueden mejorar su eficiencia y su sostenibilidad.

2.2. Componentes

Los sistemas de refrigeración y congelación están compuestos por diversos elementos que trabajan de manera coordinada para extraer calor de un espacio o producto y disiparlo al exterior. Entender el funcionamiento de cada uno de estos componentes y su función es clave para el diseño, la operación y el mantenimiento eficiente de las instalaciones frigoríficas.

El núcleo de estos sistemas es el circuito frigorífico, también llamado **ciclo de refrigeración,** compuesto por cuatro elementos principales: **compresor, condensador, válvula de expansión y evaporador.** A este circuito se le añaden una serie de accesorios y dispositivos de control y seguridad para asegurar el buen funcionamiento y prolongar la vida útil del sistema. Entre los elementos más relevantes se encuentran:

- ⮩ **Compresor:** el compresor, considerado el corazón del sistema, aspira el vapor de refrigerante a baja presión desde el evaporador y lo comprime hasta alta presión y temperatura. Puede ser hermético, semihermético o abierto, y operar con distintas tecnologías (pistón, tornillo, *scroll),* según el tamaño de la instalación y la carga térmica.
- ⮩ **Condensador:** el refrigerante comprimido llega al condensador, donde cede calor al ambiente (aire o agua) y se condensa en líquido. Puede estar enfriado por aire, agua o torres de refrigeración, según la instalación.
- ⮩ **Válvula de expansión:** también llamada dispositivo de expansión, reduce la presión y la temperatura del refrigerante líquido antes del evaporador y regula su caudal según la carga térmica, garantizando una absorción óptima de calor.

⊃ **Evaporador:** en el evaporador se extrae el calor del aire o del producto que enfriar. El refrigerante lo absorbe y se evapora. Puede ser abierto (para cámaras) o sumergido (en procesos industriales).

⊃ **Otros elementos importantes:** además de los componentes principales, los sistemas pueden incluir:

◐ **Filtros secadores:** eliminan la humedad y las partículas del refrigerante.

◐ **Válvulas de servicio y seguridad:** permiten operar y protegen al sistema frente a sobrepresiones.

◐ **Controladores electrónicos y termostatos:** ajustan la operación del sistema para mantener la temperatura deseada.

◐ **Tuberías e intercambiadores secundarios:** conectan los distintos elementos y optimizan el intercambio de calor.

Ubicación de los componentes dentro del circuito frigorífico

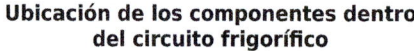
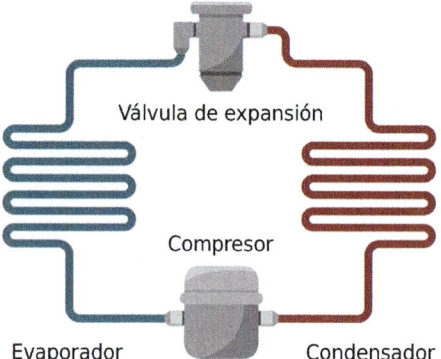

Válvula de expansión

Compresor

Evaporador   Condensador

2.3. Medidas de eficiencia energética

Los sistemas de refrigeración y congelación tienen un alto consumo energético, principalmente porque operan durante todo el año y porque necesitan contrarrestar las pérdidas de frío inevitables, tanto por transmisión a través de las paredes y los suelos como por filtraciones de aire al abrir las puertas o por fugas en el aislamiento. Esto convierte la eficiencia energética en una prioridad estratégica, ya que una **mejora del 10 %** en la eficiencia puede suponer ahorros significativos en la factura eléctrica y reducir toneladas de CO_2 emitidas cada año. Implementar medidas adecuadas, además de aportar beneficios económicos y ambientales, también prolonga la vida útil de los equipos y garantiza la calidad de los productos almacenados.

Las **medidas de eficiencia** pueden clasificarse en cuatro grandes categorías:

- **Diseño y selección de equipos:** en el diseño, es clave optar por equipos eficientes y refrigerantes naturales como CO_2 o amoniaco. El uso de compresores con variadores y ventiladores eficientes mejora el rendimiento, y un buen dimensionamiento evita consumos y desgastes innecesarios.
- **Operación y mantenimiento:** es clave limpiar intercambiadores, revisar la carga de refrigerante, aislar tuberías y eliminar obstrucciones. Además, se debe evitar el sobreenfriamiento, ya que bajar un grado más de lo necesario puede aumentar el consumo entre un 2 % y 4 %.
- **Mejoras constructivas:** son clave: puertas automáticas, esclusas o cortinas de aire reducen las infiltraciones; un buen aislamiento y la eliminación de puentes térmicos minimizan las pérdidas. Además, recuperar el calor del condensador permite aprovechar esta energía para el agua caliente sanitaria o para la calefacción.
- **Gestión y control energético:** la gestión energética optimiza el rendimiento en tiempo real mediante sensores, controladores programables y sistemas con inteligencia artificial. Las auditorías periódicas ayudan a detectar ineficiencias, medir consumos y planificar mejoras.

Una estrategia de eficiencia energética en los sistemas de refrigeración y congelación requiere de una intervención tecnológica y de un cambio cultural empresarial, ya que implica concienciar al personal, registrar y analizar los consumos, y mantener una política de mejora continua para lograr un sistema sostenible y rentable a largo plazo.

 PARA SABER MÁS

Puedes acceder a una publicación en la que se detalla cómo la recuperación de calor, los variadores y los sistemas de agua glicolada mejoran la eficiencia energética en los sistemas de refrigeración. Puedes hacerlo desde aquí.

https://redirectoronline.com/enac022po0301

Para mejorar la eficiencia de los sistemas de refrigeración y congelación se pueden aplicar medidas como las siguientes:

- Ajustar las temperaturas de consigna a las necesidades reales, evitando excesos de frío, permite reducir el consumo energético innecesario manteniendo la calidad del producto conservado.
  Mantener los intercambiadores limpios para maximizar su rendimiento. La acumulación de suciedad reduce la eficiencia térmica y aumenta el consumo de energía.
  Sustituir refrigerantes por otros con menor impacto ambiental y mayor eficiencia. El uso de refrigerantes modernos contribuye a cumplir la normativa ambiental y mejora el rendimiento del sistema.
- Instalar variadores de velocidad en compresores y ventiladores para ajustar su funcionamiento a la demanda real.
  Esto permite un control más eficiente del consumo energético en función de las necesidades de refrigeración.
  Mejorar el aislamiento térmico de las cámaras y las puertas para reducir pérdidas. Una buena envolvente térmica reduce las infiltraciones de calor, disminuyendo la carga térmica del sistema.
- Implementar sistemas de control inteligente y monitorización continua para optimizar el funcionamiento. La automatización permite detectar desviaciones, prevenir fallos y ajustar el consumo energético en tiempo real.

APLICACIÓN PRÁCTICA

Javier trabaja en una empresa alimentaria que utiliza cámaras frigoríficas para conservar los productos. Durante una reunión, le piden que explique el objetivo principal que persigue el proceso de refrigeración y en qué se diferencia del de congelación.

Describe correctamente la función del sistema de refrigeración en la industria de Javier.

Solución

La refrigeración no implica congelar el producto. Su finalidad es ralentizar los procesos de deterioro físico, químico y biológico al mantener la temperatura entre 0 °C y la temperatura ambiente. Esto permite preservar la calidad y la seguridad de los alimentos sin alterar su textura ni su estructura interna, a diferencia de la congelación, que solidifica el agua contenida en ellos.

3. Sistema de gestión y distribución de fluidos frigorígenos

☞ **HILO CONDUCTOR**

Laura y Tomás estaban revisando el sistema de distribución de fluidos frigorígenos en la planta cuando han notado una caída de presión inesperada. Laura le está explicando a Tomás que una gestión adecuada del refrigerante, además de asegurar un rendimiento eficiente, también evita pérdidas y fugas que podrían dañar el medioambiente. Juntos han decidido inspeccionar los componentes clave del circuito y revisar los sensores instalados para detectar posibles anomalías. Gracias a esta revisión, han podido detectar el fallo en las válvulas y han programado el mantenimiento de los aislamientos. Esta intervención mejorará el funcionamiento del sistema y reducirá el riesgo de generación de emisiones, reforzando su compromiso con la eficiencia energética y el cuidado del medioambiente.

En un sistema frigorífico, gestionar y distribuir adecuadamente los fluidos refrigerantes es esencial para un funcionamiento eficiente y seguro. Estos fluidos recorren un circuito cerrado con tuberías, válvulas e intercambiadores durante las fases de compresión, condensación, expansión y evaporación. Un diseño correcto garantiza el flujo óptimo del refrigerante, evita pérdidas, fugas o retornos incorrectos, y mantiene el rendimiento y la seguridad del sistema.

La adecuada distribución de los refrigerantes mejora la eficiencia energética y reduce el impacto ambiental. Las fugas pueden contribuir al calentamiento global o al agotamiento de la capa de ozono, por lo que la legislación exige minimizar las pérdidas y controlar las emisiones.

 SABÍAS QUE...

En las instalaciones modernas, se implementan sistemas de monitorización con sensores de presión, temperatura y detectores de fugas que permiten supervisar el estado del circuito en tiempo real y anticiparse a los problemas antes de que afecten a la instalación.

3.1. Conceptos del sistema

El sistema de gestión y distribución de fluidos frigorígenos transporta el refrigerante por los distintos componentes de una instalación, asegurando su correcta absorción y cesión de calor de forma segura, eficiente y sostenible. Controla las condiciones de presión, temperatura y estado del refrigerante, facilita el retorno del aceite al compresor, evita fugas y cumple con las normativas ambientales.

Funciona como un circuito cerrado donde el refrigerante circula en distintas fases: vapor a baja presión (línea de aspiración), vapor a alta presión (línea de descarga) y líquido (línea de líquido). Incorpora dispositivos que regulan y protegen el flujo, y contempla prácticas de carga, recuperación y eliminación del refrigerante para reducir emisiones contaminantes.

Es clave la correcta interacción entre refrigerante y aceite lubricante, por lo que el diseño del sistema (pendientes, diámetros, aislamientos y velocidades) garantiza un retorno eficiente del aceite al compresor. Además, se promueve el uso de refrigerantes con bajo impacto ambiental, como CO_2, amoniaco o hidrocarburos, junto con medidas de control y reciclaje que aseguren una gestión responsable y conforme a la legislación.

3.2. Componentes del sistema

El correcto funcionamiento de un sistema de gestión y distribución de fluidos frigorígenos depende directamente de la calidad y la adecuación de sus componentes. Estos elementos forman el circuito por donde circula el refrigerante, garantizando que se mantiene en las condiciones adecuadas de presión, temperatura y estado físico en cada etapa del proceso. Cada componente del sistema cumple una función específica para asegurar la eficiencia, la seguridad y la durabilidad de la instalación. Entre los componentes del sistema, los más relevantes son los que describimos a continuación.

Tuberías frigoríficas

Las tuberías son las vías por las que circula el refrigerante en estado gaseoso y líquido. Están construidas habitualmente de cobre, acero o aluminio, dependiendo del tipo de refrigerante y de las presiones de trabajo. Las líneas que integran un sistema de tuberías son:

- **Línea de aspiración:** lleva el vapor a baja presión desde el evaporador hasta el compresor.

- **Línea de descarga:** transporta el vapor a alta presión desde el compresor hacia el condensador.
- **Línea de líquido:** conduce el refrigerante líquido desde el condensador hasta la válvula de expansión.

Las tuberías deben tener pendientes adecuadas para facilitar el retorno del aceite, aislamientos térmicos para minimizar pérdidas o ganancias de calor y diámetros correctos para mantener las velocidades de flujo apropiadas.

Válvulas y dispositivos de control

Las válvulas permiten regular el flujo del refrigerante y mantener la presión dentro de los rangos seguros. Entre las válvulas más comunes que se pueden encontrar están:

- **Válvulas de cierre:** permiten aislar partes del sistema para mantenimiento.
- **Válvulas de retención:** impiden el retroceso del refrigerante.
- **Válvulas de expansión:** controlan el caudal y la presión del refrigerante al entrar al evaporador.
- **Válvulas de alivio y seguridad:** protegen al sistema ante las sobrepresiones.
- **Manómetros y termómetros:** para monitorizar la presión y la temperatura en puntos clave.

Separadores y acumuladores

En los sistemas frigoríficos, los separadores y los acumuladores cumplen funciones clave para proteger los componentes principales y garantizar un funcionamiento eficiente y seguro. A continuación, se describen los más habituales:

- **Separador de aceite:** retira el aceite que arrastra el refrigerante tras salir del compresor, devolviéndolo al cárter para mantener la lubricación.
- **Acumulador de succión:** evita que el líquido refrigerante llegue al compresor (lo que provocaría daños).
- **Botellas de líquido:** almacenan temporalmente el refrigerante líquido para regular su flujo.

Filtros y secadores

Los filtros y secadores eliminan impurezas y humedad del circuito, evitando la formación de ácidos y obstrucciones. Las mirillas con indicador permiten comprobar visualmente el estado del refrigerante.

Aislamientos

Las tuberías y ciertos componentes, como acumuladores o botellas, deben aislarse térmicamente para minimizar pérdidas de frío, evitar condensación y bloquear el ingreso de calor al sistema.

Detectores y sistemas de monitorización

Las instalaciones modernas incorporan sensores de fugas, sondas electrónicas y sistemas de gestión centralizados con alarmas. Estos dispositivos permiten el control en tiempo real y una respuesta rápida, mejorando la eficiencia energética y la seguridad ambiental.

 **RECUERDA**

Los componentes del sistema no solo conducen el refrigerante, sino que también protegen el compresor, garantizan la calidad del fluido, regulan las presiones y permiten mantener el circuito bajo control. Una buena selección, instalación y mantenimiento de estos elementos es esencial para un rendimiento óptimo y una larga vida útil de la instalación.

3.3. Evaluación de pérdidas

Uno de los aspectos más relevantes para garantizar el buen funcionamiento, la eficiencia energética y la sostenibilidad ambiental de un sistema de gestión y distribución de fluidos frigorígenos es la evaluación de las pérdidas. Estas pérdidas pueden ser de energía, de refrigerante o de rendimiento, y suelen deberse a fugas, aislamientos defectuosos, errores de diseño, mantenimientos inadecuados o degradación de los componentes con el tiempo. Identificar, cuantificar y corregir estas pérdidas permite no solo reducir costes operativos, sino también cumplir con las normativas ambientales y alargar la vida útil de la instalación.

Las **pérdidas más frecuentes** en un sistema frigorífico son:

Fugas de refrigerante
- Además de afectar a la capacidad frigorífica, incrementan el consumo energético y contribuyen al calentamiento global (en el caso de los gases fluorados).

Pérdidas de carga
- Caídas excesivas de presión en las tuberías por obstrucciones, diámetros incorrectos o tramos mal dimensionados.

Pérdidas de energía por aislamiento deficiente
- Calor que ingresa al sistema a través de tuberías, válvulas o recipientes mal aislados, obligando al sistema a trabajar más para mantener la temperatura deseada.

Retorno inadecuado del aceite
- Acumulación de aceite en puntos bajos del circuito, reduciendo el área de intercambio de calor y dañando el compresor por falta de lubricación.

La evaluación de las pérdidas combina inspecciones visuales, mediciones técnicas y análisis de datos históricos de consumo y rendimiento del sistema. Algunos **métodos** habituales son:

- **Pruebas de estanqueidad:** se utilizan detectores electrónicos, detectores ultrasónicos o soluciones jabonosas para localizar fugas de refrigerante en las uniones, las válvulas y las tuberías. Las normativas obligan a realizar estas comprobaciones periódicamente, debiendo registrarse los resultados.
- **Medición de presiones y temperaturas:** comparar las lecturas reales del sistema con las especificadas por el fabricante ayuda a detectar caídas de presión anormales, retornos de líquido al compresor o sobrecalentamientos.
- **Auditorías energéticas:** un análisis global del consumo eléctrico frente a la carga frigorífica entregada permite detectar ineficiencias globales del sistema y estimar posibles pérdidas invisibles.
- **Inspección de aislamientos:** verificar el estado físico de las cubiertas aislantes, comprobar que no haya humedad, grietas o zonas sin cubrir.

Análisis de aceite: permite detectar la presencia de humedad, acidez o partículas metálicas en el lubricante, indicios de problemas internos del sistema.

VÍDEO

En el siguiente vídeo podrás ver cómo se realiza la prueba de estanqueidad en instalaciones frigoríficas:

https://redirectoronline.com/enac022po0303

Una vez identificadas las pérdidas, es fundamental aplicar **medidas correctivas** como:

- Reparar inmediatamente cualquier fuga detectada y recuperar el refrigerante.
- Redimensionar las tuberías si las pérdidas de carga son elevadas.
- Sustituir o reparar aislamientos dañados.
- Mantener un programa de mantenimiento preventivo periódico y documentado.
- Instalar dispositivos de monitorización para controlar continuamente el estado del sistema.

 ## IMPORTANTE

La evaluación sistemática de las pérdidas es una herramienta clave para asegurar la eficiencia energética, proteger el medioambiente y mantener la fiabilidad de la instalación frigorífica a largo plazo.

3.4. Mejoras en equipos disponibles

Las instalaciones de refrigeración y congelación tradicionales han evolucionado en las últimas décadas gracias al desarrollo de nuevas tecnologías y al aumento de la conciencia ambiental y energética. En el contexto de los sistemas de gestión y distribución de fluidos frigorígenos, existen numerosas mejoras en los equipos que permiten optimizar su rendimiento, reducir el consumo energético, minimizar las fugas de refrigerante y mejorar la sostenibilidad ambiental. Conocer y aplicar estas mejoras es esencial para modernizar las instalaciones y adaptarlas a las normativas actuales y futuras. Entre estas mejoras destacan:

- ⮑ **Nuevas tecnologías de compresores:** los compresores de velocidad variable ajustan su rendimiento a la demanda, reduciendo ciclos y ahorrando hasta un 35 % de energía. También destacan los modelos *scroll* y de tornillo, más eficientes, silenciosos y fiables que los de pistón.
- ⮑ **Refrigerantes alternativos y sostenibles:** el uso de refrigerantes con bajo potencial de calentamiento global (PCG) y nulo potencial de agotamiento del ozono (PAO), como CO_2, amoniaco e hidrocarburos, ha mejorado la eficiencia y la sostenibilidad de los equipos. Estos se adaptan con mejoras en sellados, válvulas, compresores y sistemas de detección para garantizar la seguridad y el rendimiento.
- ⮑ **Sistemas de control inteligente:** los sistemas de control avanzados con tecnología IoT *(Internet of Things)* supervisan el rendimiento en tiempo real, detectan fugas, permiten el mantenimiento predictivo y ajustan la operación según la carga y el entorno, mejorando la eficiencia, la durabilidad y la fiabilidad.
- ⮑ **Aislamientos y accesorios mejorados:** los nuevos aislantes, con alta eficiencia y baja conductividad térmica, minimizan las pérdidas de frío. Además, las válvulas, los filtros y las mirillas han mejorado para soportar más presión, reducir fugas y facilitar el mantenimiento.
- ⮑ **Recuperación y reutilización de calor:** los sistemas modernos pueden recuperar el calor del condensador para calentar agua o apoyar otros procesos, reduciendo así el consumo energético total de la instalación.

Estas mejoras, además de ser recomendables en las instalaciones nuevas, también se deben incorporar en los sistemas existentes mediante planes de actualización *(retrofitting),* que permiten modernizar los equipos sin necesidad de reemplazar completamente la instalación.

Las ventajas de actualizar los equipos disponibles en un sistema frigorífico son claras:

- ⮑ Reducción de costes operativos gracias a la mayor eficiencia energética.
- ⮑ Cumplimiento con las normativas ambientales vigentes.

⊃ Mayor fiabilidad, con menos averías y menor necesidad de reparaciones.

⊃ Mejora en la seguridad de las instalaciones al minimizar riesgos de fugas o explosiones.

⊃ Reducción de las emisiones de gases de efecto invernadero.

3.5. Medidas de eficiencia energética

El sistema de gestión y distribución de los fluidos frigorígenos tiene un impacto importante en el rendimiento global de una instalación frigorífica. Si no está correctamente diseñado, instalado y mantenido, puede convertirse en una fuente significativa de pérdidas energéticas. Por eso, implementar medidas específicas de eficiencia energética en este sistema es clave para reducir el consumo eléctrico, alargar la vida útil de los equipos y cumplir con las normativas ambientales. Estas medidas pueden dividirse en acciones sobre:

Diseño y dimensionamiento eficientes
- Un diseño eficiente de las tuberías requiere diámetros adecuados, menores longitudes y codos, pendientes correctas para el retorno de aceite y colectores bien dimensionados para evitar retornos de líquido, optimizando el rendimiento del sistema.

Instalación y montaje
- Durante la instalación es esencial asegurar un buen aislamiento térmico, usar materiales compatibles con el refrigerante y la presión, verificar la estanqueidad de uniones y seleccionar válvulas con bajas pérdidas y regulación precisa.

Mantenimiento preventivo
- Un mal mantenimiento incrementa las pérdidas de energía y refrigerante. Es clave revisar y reparar el aislamiento, hacer pruebas de estanqueidad, limpiar filtros y secadores, y controlar la carga de refrigerante y la calidad del aceite.

Gestión y control operativos
- Las tecnologías actuales optimizan el rendimiento mediante la monitorización en tiempo real gracias a un control adaptativo del caudal y de la presión, al análisis del consumo y a la formación del personal sobre buenas prácticas operativas.

RECUERDA

Un sistema de distribución bien diseñado, correctamente instalado, mantenido y operado no solo transporta el refrigerante, sino que lo hace con el menor consumo energético y el menor impacto ambiental posible.

Aplicar estas medidas no solo reduce los costes energéticos y operativos, sino que también:

⮑ Disminuye las emisiones de CO_2 indirectas al reducir la energía consumida.
⮑ Reduce las emisiones directas al minimizar las fugas de refrigerante.
⮑ Mejora la fiabilidad y prolonga la vida útil de la instalación.
⮑ Facilita el cumplimiento con normativas ambientales cada vez más estrictas.

4. Recuperación de calor

☞ HILO CONDUCTOR

Mientras Laura y Tomás supervisaban los sistemas de refrigeración en la planta, se han dado cuenta de que desde los condensadores se expulsaba al ambiente una gran cantidad de calor. Tras analizarlo, han decidido que una de las medidas que pueden implantar es la instalación de un sistema de recuperación de calor que aproveche esa energía para calentar el agua sanitaria y precalentar procesos. Con esta intervención, creen que podrán reducir considerablemente el consumo de gas y electricidad. Laura le explicó a Tomás que convertir ese calor residual en un recurso útil, además de mejorar la eficiencia energética, también ayuda a cumplir con los objetivos ambientales de la empresa.

Una parte importante de la energía en los sistemas de refrigeración se pierde como calor en los condensadores, liberado al aire o al agua. No obstante, este calor residual, resultado de la compresión y la condensación del refrigerante, puede reutilizarse para cubrir otras necesidades térmicas del sistema, mejorando así la eficiencia y reduciendo el consumo energético y las emisiones.

4.1. La recuperación de calor

La recuperación de calor consiste en aprovechar la energía térmica del refrigerante a la salida del compresor o del condensador, transfiriéndola a otro fluido o sistema. Este calor puede usarse para calentar agua sanitaria, procesos industriales, climatización o calefacción, convirtiendo un residuo en un recurso útil y aumentando el rendimiento energético global de la instalación.

Existen distintas formas de implementar la recuperación de calor en las instalaciones frigoríficas, según el tamaño, la aplicación y las necesidades térmicas del usuario:

Intercambiadores de calor en la descarga del compresor
- Capturan el calor del refrigerante antes de que llegue al condensador.

Condensadores de doble función o condensadores *desuperheaters*
- Permiten calentar agua mientras siguen condensando el refrigerante.

Sistemas de recuperación parcial o total
- Dependiendo de si se recupera solo una parte o la totalidad del calor disponible.

Acumuladores de calor
- Para almacenar la energía recuperada y utilizarla cuando sea necesaria, desacoplando la producción de frío de la demanda de calor.

 SABÍAS QUE...

En las instalaciones grandes, el calor recuperado puede cubrir más del 50 % de las necesidades de agua caliente de los procesos, lo que supone un ahorro económico notable y una reducción sustancial del consumo de combustibles fósiles.

ACTIVIDAD COMPLEMENTARIA

3. Investiga sobre la recuperación del calor en las instalaciones frigoríficas como estrategia clave para mejorar la eficiencia energética y reducir el impacto ambiental. Para ello, debes:

- Identificar qué es la recuperación de calor, en qué parte del sistema frigorífico se produce y qué formas de recuperación existen (directa, con bomba de calor, en cascada, etc.).
- Investigar los principales usos del calor recuperado; por ejemplo, en agua caliente sanitaria, procesos industriales o calefacción de espacios.
- Analizar los beneficios energéticos, económicos y medioambientales de implementar sistemas de recuperación de calor en una instalación de frío industrial.
- Comparar la situación con y sin recuperación de calor, indicando las diferencias en consumo energético, aprovechamiento de recursos y sostenibilidad.

Para diseñar un sistema de recuperación de calor eficiente, es importante:

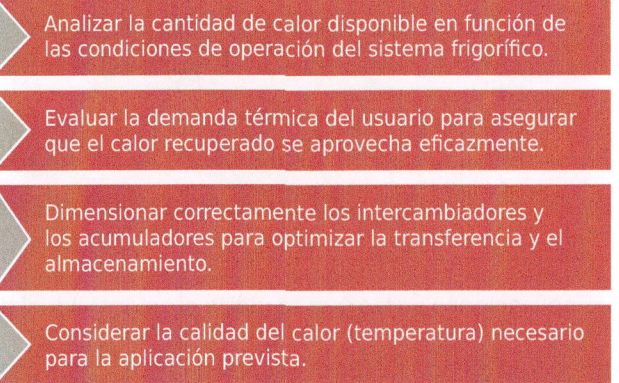

Analizar la cantidad de calor disponible en función de las condiciones de operación del sistema frigorífico.

Evaluar la demanda térmica del usuario para asegurar que el calor recuperado se aprovecha eficazmente.

Dimensionar correctamente los intercambiadores y los acumuladores para optimizar la transferencia y el almacenamiento.

Considerar la calidad del calor (temperatura) necesario para la aplicación prevista.

La recuperación de calor, además de ser una técnica viable y económicamente rentable, contribuye a un uso más racional de la energía, reduciendo la huella ambiental de las instalaciones frigoríficas. Con una planificación adecuada, esta medida puede transformar un residuo térmico en una ventaja competitiva para la empresa.

4.2. Calor residual de gases

En los sistemas de refrigeración, una fuente importante de energía desaprovechada es el calor de descarga del refrigerante a la salida del compresor. Este calor, contenido en el vapor sobrecalentado que llega al condensador, suele disiparse al ambiente sin ser aprovechado. Sin embargo, puede recuperarse para mejorar la eficiencia energética del sistema.

Este calor residual, con temperaturas superiores a 80-100 °C, es útil para las aplicaciones térmicas de media temperatura. Su recuperación se realiza mediante un intercambiador de calor en la línea de descarga, llamado **desuperheater,** que transfiere la energía del refrigerante a un fluido secundario (normalmente agua). Esta energía se puede utilizar para agua caliente sanitaria, procesos industriales, climatización o calefacción, contribuyendo a un uso más eficiente de la energía.

Las **características** del calor residual de los gases son:

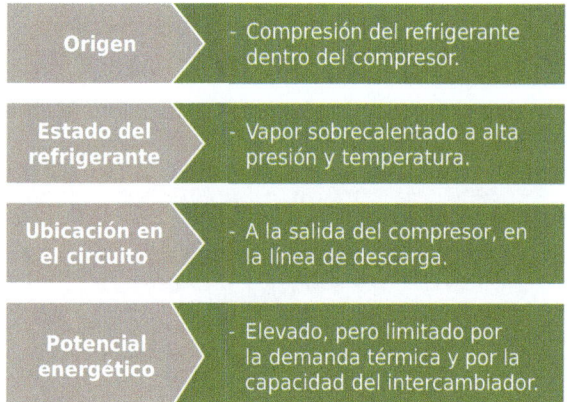

Origen	- Compresión del refrigerante dentro del compresor.
Estado del refrigerante	- Vapor sobrecalentado a alta presión y temperatura.
Ubicación en el circuito	- A la salida del compresor, en la línea de descarga.
Potencial energético	- Elevado, pero limitado por la demanda térmica y por la capacidad del intercambiador.

Algunas aplicaciones en las que se utiliza el calor residual de gases son:

⊃ **Producción de agua caliente sanitaria (ACS):** para uso en duchas, limpieza o procesos industriales.
⊃ **Precalentamiento de agua de alimentación de calderas:** reduciendo el consumo de combustibles fósiles.
⊃ **Calefacción de espacios:** mediante radiadores, suelo radiante o ventiloconvectores.
⊃ **Procesos industriales:** limpieza de equipos, desinfección, escaldado de alimentos.

 **RECUERDA**

En resumen, el calor residual de los gases de descarga es una fuente de energía valiosa que, con una inversión relativamente baja, puede convertirse en una ventaja competitiva para las empresas, reduciendo su huella ambiental y sus costes energéticos. Diseñar correctamente el sistema de recuperación y adaptar la demanda térmica de la instalación para aprovechar este calor son aspectos clave para maximizar sus beneficios.

4.3. Calor de condensados y aguas calientes

Además del calor de descarga del compresor, los sistemas de refrigeración ofrecen otra vía de ahorro energético: la recuperación del calor contenido en los condensados y en las aguas calientes del proceso de condensación. Este calor, que normalmente se libera al ambiente o a sistemas de refrigeración, puede reutilizarse para cubrir necesidades térmicas internas o auxiliares, mejorando la eficiencia del sistema.

En el ciclo de compresión de vapor, tras pasar por el compresor y el *desuperheater,* el refrigerante llega al condensador, donde libera calor latente al transformarse de vapor a líquido. En los condensadores por agua, el calor cedido calienta el agua de refrigeración, que puede acumularse y usarse como fuente térmica para otras aplicaciones en lugar de ser desperdiciada.

Las características del calor de **condensados y aguas calientes** son:

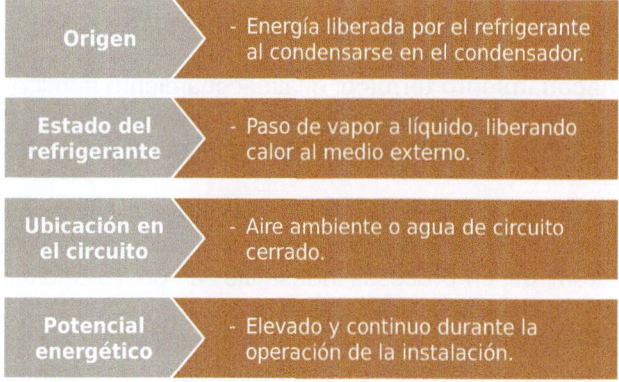

Origen	- Energía liberada por el refrigerante al condensarse en el condensador.
Estado del refrigerante	- Paso de vapor a líquido, liberando calor al medio externo.
Ubicación en el circuito	- Aire ambiente o agua de circuito cerrado.
Potencial energético	- Elevado y continuo durante la operación de la instalación.

El agua utilizada para la condensación puede alcanzar temperaturas entre 30 °C y 45 °C, suficientes para aplicaciones como precalentar agua de procesos, climatización de espacios mediante suelos radiantes o radiadores de baja temperatura, o incluso para alimentación de calderas reduciendo su consumo de combustible. Algunas aplicaciones en las que se utiliza el calor de condensados y aguas calientes son:

- **Precalentamiento de agua sanitaria o de proceso:** la energía recuperada reduce la necesidad de calentar el agua con electricidad, gas o gasóleo.
- **Climatización de edificios:** aprovechando el calor del agua para calefacción por suelo radiante o radiadores.
- **Procesos industriales:** limpieza, desinfección o cocción de productos que no requieran temperaturas muy altas.
- **Calefacción de piscinas:** mediante intercambiadores, el calor del agua puede transferirse al vaso de la piscina.

4.4. Otros desarrollos para recuperación de calor

Además de las soluciones anteriores para la recuperación del calor residual de los gases de descarga y del agua de condensación, gracias a la evolución tecnológica y a la búsqueda de una mayor eficiencia energética, están apareciendo otros desarrollos innovadores para aprovechar al máximo la energía generada en los sistemas frigoríficos. Estos desarrollos permiten ampliar las posibilidades de uso del calor residual, adaptándose a las distintas necesidades y aumentando la sostenibilidad de las instalaciones.

Estos sistemas complementarios son cada vez más relevantes, ya que las empresas buscan no solo reducir costes, sino también cumplir con las normativas ambientales cada vez más exigentes y avanzar hacia modelos de economía circular. Algunos de estos desarrollos incluyen:

- **Almacenamiento térmico:** el almacenamiento térmico guarda el calor recuperado en períodos de baja demanda y lo libera cuando esta aumenta mediante tanques de agua caliente o materiales de cambio de fase.
- **Integración con bombas de calor:** integrar bombas de calor en los sistemas frigoríficos permite reutilizar el calor residual elevando su temperatura, útil en procesos industriales a >60 °C, esterilización, cocción, limpieza y calefacción en climas fríos.
- **Circuitos híbridos con energías renovables:** en las instalaciones modernas, la recuperación de calor se integra con las energías renovables como la solar térmica o la geotermia. El calor residual puede usarse para

precalentar agua o apoyar sistemas geotérmicos, aumentando la eficiencia global.

⮕ **Intercambiadores avanzados:** los intercambiadores de alta eficiencia, con diseños como microcanales o placas soldadas, captan más energía en menos espacio y con menores pérdidas, facilitando la recuperación térmica incluso en instalaciones compactas.

⮕ **Recuperación de calor en cascada:** En grandes instalaciones, los sistemas de recuperación en cascada aprovechan el calor en distintas etapas del ciclo para usos con diferentes niveles térmicos, maximizando la eficiencia energética.

 PARA SABER MÁS

En la siguiente página web puedes acceder a un artículo sobre las tendencias en refrigeración industrial para 2025. Puedes hacerlo desde aquí.

https://redirectoronline.com/enac022po0302

5. Sistemas electromecánicos

 HILO CONDUCTOR

Durante una revisión rutinaria, Laura y Tomás han detectado que los sistemas electromecánicos de la planta frigorífica funcionaban a plena carga incluso en los momentos con bajas demandas. Han decidido reemplazar los motores antiguos por otros de alta eficiencia IE4 y añadir variadores de frecuencia para regular su velocidad. En pocas semanas, descubrirán que han logrado un ahorro energético notable, además de una mayor estabilidad en las temperaturas y menos

Continúa en página siguiente >>

<< Viene de página anterior

paradas por mantenimiento. Tomás, que ha analizado los consumos, le indica a Laura que la clave ha estado en la adaptación de la potencia a las necesidades reales, lo que ha convertido la instalación en más eficiente, segura y sostenible.

En las instalaciones frigoríficas y de congelación, los sistemas electromecánicos son fundamentales para un funcionamiento seguro, eficiente y automatizado. Agrupan los equipos eléctricos y mecánicos que controlan los procesos de refrigeración, asegurando condiciones óptimas de temperatura y humedad.

Estos sistemas integran motores eléctricos, dispositivos de mando y protección, sensores, controladores, válvulas y mecanismos de transmisión trabajando de forma coordinada. Un diseño y un mantenimiento adecuados permiten optimizar el consumo energético, garantizar la seguridad y prolongar la vida útil de la instalación.

5.1. Conceptos generales

Los sistemas electromecánicos en una instalación frigorífica agrupan los componentes eléctricos, mecánicos y electrónicos encargados de activar, regular y proteger los procesos de refrigeración. Los motores convierten la energía eléctrica en mecánica, asegurando un funcionamiento eficiente y seguro.

Entender su funcionamiento es un aspecto clave para el diseño, la operación y el mantenimiento de las instalaciones modernas. Una integración adecuada permite gestionar la producción y la distribución del frío, así como recuperar el calor, mejorando la eficiencia energética y la fiabilidad del sistema.

Un sistema electromecánico combina:

Elementos eléctricos
- Alimentan de energía a los motores, las bombas y los ventiladores, y aseguran su protección frente a los fallos eléctricos.

Continúa en página siguiente >>

<< Viene de página anterior

Elementos mecánicos
- Transmiten movimiento y fuerza a través de componentes como engranajes, correas, rodamientos o ejes.

Elementos electrónicos y de control
- Sensores, controladores programables (PLC), interfaces hombre-máquina (HMI) y sistemas SCADA para automatizar y monitorizar el funcionamiento.

En una instalación frigorífica, estos sistemas permiten controlar variables clave como **temperatura, humedad, presión, caudal y velocidad,** para mantener las condiciones deseadas en las cámaras o los procesos y para proteger los equipos frente a fallos o condiciones anormales.

Entre las funciones principales que desarrollan los sistemas electromecánicos se encuentran:

- **Accionamiento:** arrancan y regulan los compresores, los ventiladores, las bombas de agua o de aceite y las válvulas motorizadas.
- **Protección:** salvaguardan los equipos y a las personas frente a sobrecargas, cortocircuitos, pérdidas de fase o fallos mecánicos.
- **Control y regulación:** ajustan la velocidad, la presión y la temperatura según las necesidades reales de la instalación.
- **Monitorización:** permiten visualizar y registrar el estado de los equipos, facilitando el mantenimiento predictivo y la optimización energética.

Se puede establecer que los sistemas electromecánicos actúan como el cerebro y los músculos de la instalación: proporcionan la fuerza necesaria para operar los equipos y, al mismo tiempo, velan por que trabajen dentro de los parámetros de seguridad y eficiencia.

El avance de la tecnología también ha favorecido la integración de soluciones más eficientes, como motores de alta eficiencia IE3 o IE4, variadores de frecuencia para regular la velocidad de los motores, sistemas de control digital y dispositivos de protección inteligentes.

RECUERDA

Los sistemas electromecánicos son esenciales para garantizar que la instalación frigorífica funciona de manera eficiente, segura y automatizada.

5.2. Componentes principales de los sistemas electromecánicos

Los sistemas electromecánicos son la base sobre la que se apoyan los equipos frigoríficos para transformar la energía eléctrica en trabajo mecánico útil, controlar el funcionamiento y garantizar la seguridad y la eficiencia del proceso. Estos sistemas combinan dispositivos eléctricos, electrónicos y mecánicos que trabajan conjuntamente para accionar, regular y proteger los compresores, los ventiladores, las bombas y los demás equipos que componen una instalación de refrigeración y congelación.

Conocer los componentes principales de estos sistemas es esencial para diseñar instalaciones eficientes, operar los equipos con seguridad y realizar un mantenimiento adecuado que prolongue su vida útil y evite fallos imprevistos. Los elementos clave de un sistema electromecánico son:

- **Motores eléctricos y accionamientos:** accionan compresores, ventiladores y bombas. Actualmente se emplean motores de alta eficiencia, muchos con variadores de frecuencia (VFD) que ajustan la velocidad según la demanda, reduciendo el consumo energético.
- **Cuadros eléctricos y de mando:** contienen protecciones, relés, contactores y controladores que gestionan el arranque, la parada y la seguridad de los equipos. Incluyen alarmas, señalización y, cada vez más, pantallas táctiles e industriales (HMI) para un control intuitivo.
- **Sistemas de control y automatización:** los controladores lógicos programables (PLC) y los sistemas *supervisory control and data acquisition* (SCADA) centralizan el control de la instalación, procesan datos de sensores y actúan sobre motores, válvulas o ventiladores para mantener condiciones óptimas, mejorar el rendimiento y facilitar el mantenimiento predictivo.
- **Elementos mecánicos auxiliares:** incluyen componentes como correas, engranajes, rodamientos y acoplamientos que transmiten el movimiento a compresores, ventiladores o bombas, además de válvulas de cierre, control y seguridad para regular el flujo de refrigerante y otros fluidos.

IMPORTANTE

Los sistemas electromecánicos son el corazón operativo de una instalación frigorífica, integrando tecnología eléctrica, electrónica y mecánica para asegurar un funcionamiento continuo, eficiente y seguro. Su correcta selección, instalación y mantenimiento son esenciales para la competitividad y la sostenibilidad de la instalación.

5.3. Regulación electrónica de velocidad

La regulación electrónica de velocidad en los motores eléctricos ha mejorado la eficiencia energética de las instalaciones frigoríficas. Este sistema ajusta la velocidad de los compresores, los ventiladores y las bombas según las necesidades reales, a diferencia del método convencional ON/OFF, que usa una velocidad constante y causa desgaste y picos de consumo. Al operar a velocidades intermedias, se optimiza el uso de energía, se reduce el deterioro de los equipos y se mejora el control climático.

Los variadores de frecuencia se utilizan en casi todos los sectores que trabajan con motores eléctricos. (© Fotografía: Ekahardiwito / Shutterstock.com)

La regulación electrónica se consigue mediante los dispositivos conocidos como **variadores de frecuencia** (VFD, por sus siglas en inglés) o convertidores de frecuencia, que controlan la frecuencia y la tensión de alimentación del motor, y, por tanto, su velocidad de giro. Estos dispositivos reciben una señal de referencia, por ejemplo, la temperatura en una cámara frigorífica o la presión en una tubería, y ajustan la velocidad del motor para mantener la variable en su valor óptimo.

 **EJEMPLO**

Si la demanda de frío es baja, el compresor o ventilador reduce su velocidad, consumiendo mucha menos energía.

Si aumenta la carga térmica, el VFD aumenta la velocidad del motor hasta cubrir la demanda.

La correcta integración de los variadores de frecuencia en los sistemas electromecánicos requiere tener en cuenta una serie de **consideraciones técnicas** para garantizar un funcionamiento seguro, eficiente y estable de los motores y del conjunto de la instalación. Estas consideraciones son fundamentales para prevenir daños en los equipos, asegurar la calidad de la energía eléctrica y mantener la continuidad operativa en caso de incidencias. Entre los principales aspectos que deben atenderse al implementar el uso de los variadores de frecuencia se encuentran:

- ⮕ Los motores deben ser compatibles con el uso de variadores (generalmente motores asíncronos o síncronos).
- ⮕ Es necesario instalar filtros y protecciones para evitar armónicos eléctricos y garantizar la calidad de la energía.
- ⮕ Los parámetros de configuración deben ajustarse correctamente para evitar inestabilidades en el sistema.
- ⮕ En algunos casos, puede ser conveniente añadir sistemas de baipás para situaciones de emergencia.

5.4. Motores eléctricos de alta eficiencia – compresores

En los sistemas frigoríficos, los compresores consumen entre el 50 % y 70 % de la energía eléctrica. Usar motores eléctricos de alta eficiencia reduce los costes energéticos y mejora la sostenibilidad. Estos motores convierten mejor la electricidad en energía mecánica gracias a materiales y diseños optimizados. Comparados con los modelos estándar (IE1 o IE2), los motores IE3 o IE4 logran entre un 5 % y un 10 % más de eficiencia, generando ahorros durante toda su vida útil.

Las características de los motores de alta eficiencia son:

➲ **Clase de eficiencia superior:** actualmente, las categorías internacionales establecidas por la norma IEC 60034-30 son:

- ➋ **IE1:** eficiencia estándar (ya en desuso).
- ➋ **IE2:** eficiencia alta (nivel mínimo en muchos países).
- ➋ **IE3:** eficiencia *premium*.
- ➋ **IE4:** eficiencia super *premium*.

La tendencia del mercado y las normativas exigen al menos motores IE3 en las nuevas instalaciones.

➲ **Mejores materiales y diseño:** incluyen aceros de alta permeabilidad, aislamiento avanzado, ventilación optimizada y rodamientos de alta calidad, lo que reduce las pérdidas por fricción, calor y corriente parásita.

➲ **Compatibilidad con variadores de frecuencia (VFD):** los motores de alta eficiencia suelen estar preparados para funcionar con reguladores electrónicos de velocidad, mejorando aún más la eficiencia global del sistema.

La incorporación de nuevas tecnologías, como los variadores de frecuencia o los motores de alta eficiencia, ofrece una serie de ventajas específicas cuando se aplican a compresores, tanto en términos de ahorro energético como de fiabilidad, precisión de control y prolongación de la vida útil de los equipos. Entre las principales **ventajas** de estas soluciones en aplicaciones con compresores destacan:

➲ **Reducción significativa del consumo energético:** en las instalaciones de gran tamaño, el uso de motores IE3 o IE4 en compresores puede suponer ahorros anuales de entre el 3 % y el 10 % en la factura eléctrica.

➲ **Menor generación de calor interno:** al tener menos pérdidas internas, los motores se calientan menos, prolongando la vida útil de sus componentes mecánicos y eléctricos.

➲ **Mayor fiabilidad:** la construcción robusta y el menor desgaste aumentan la disponibilidad del equipo y reducen el mantenimiento no programado.

➲ **Cumplimiento normativo y acceso a subvenciones:** en la UE, desde 2017, los motores nuevos de más de 0,75 kW deben ser al menos IE3, con algunas excepciones. Además, muchos países ofrecen ayudas para reemplazar motores antiguos por otros más eficientes.

Los motores eléctricos de alta eficiencia en compresores son una inversión clave para cualquier instalación frigorífica moderna. No solo reducen el consumo eléctrico y las emisiones asociadas, sino que también aumentan la fiabilidad, reducen costes de mantenimiento y aseguran el cumplimiento de normativas. Combinados con variadores y reguladores electrónicos de velocidad y un mantenimiento adecuado, representan una de las mejores prácticas disponibles para mejorar el rendimiento energético global de la instalación.

5.5. Medidas de eficiencia energética

Las medidas de eficiencia en los sistemas electromecánicos buscan optimizar el uso de los motores, los compresores, los ventiladores, las bombas y los sistemas de control para que trabajen solo con la energía estrictamente necesaria para cumplir su función, eliminando derroches y mejorando el rendimiento global. Dado que los motores eléctricos pueden consumir entre el 60 % y el 70 % de la energía de una instalación frigorífica, los pequeños incrementos de eficiencia en estos equipos se traducen en grandes ahorros anuales.

Entre las **principales medidas de eficiencia energética** recomendadas para este tipo de sistemas se encuentran:

- **Uso de motores de alta eficiencia:** sustituir los motores antiguos o ineficientes por motores de alta eficiencia IE3 o IE4 reduce entre un 5 % y un 10 % el consumo energético en comparación con los motores estándar.
- **Regulación electrónica de velocidad (VFD):** los variadores de frecuencia ajustan la velocidad de los compresores, los ventiladores y las bombas según la carga real, evitando el funcionamiento constante a máxima velocidad. Su uso puede reducir el consumo energético entre un 20 % y un 50 %.
- **Optimización de la operación:** evitar que los equipos funcionen fuera de su rango óptimo, reducir los arranques/paradas innecesarios, secuenciar correctamente los compresores y ajustar las consignas de temperatura y presión a las mínimas necesarias.
- **Mantenimiento preventivo y predictivo:** un mal mantenimiento de los motores aumenta el consumo y el riesgo de averías. Revisar su aislamiento, su lubricación, la alineación y una limpieza periódica garantiza su eficiencia y su fiabilidad.
- **Automatización y control inteligente:** los sistemas de control centralizado (SCADA, PLC) y los sensores en tiempo real permiten ajustar los equipos a la demanda en cada momento, detectando ineficiencias y evitando que los equipos trabajen innecesariamente.
- **Optimización del dimensionamiento:** seleccionar motores y transmisiones correctamente dimensionados para la carga real. Un motor

sobredimensionado, aunque parece más seguro, tiene menor rendimiento frente a cargas parciales, además de consumir más energía.

⮞ **Reducción de pérdidas en transmisión:** verificar que las correas, los engranajes y los acoplamientos están en buen estado, correctamente tensados y alineados, para minimizar las pérdidas mecánicas.

 **EJEMPLO**

En una planta frigorífica con motores antiguos, al sustituirlos por modelos IE3 y equiparlos con variadores de frecuencia para ajustar su velocidad a la carga, la empresa logró reducir su consumo eléctrico en un 30 % en los motores del sistema. Además, el mantenimiento se simplificó y la temperatura se reguló con mayor precisión.

6. Sistemas de iluminación industrial

☞ HILO CONDUCTOR

Durante una auditoría energética, Laura y Tomás han detectado que en distintas zonas de la planta frigorífica todavía se utilizaban luminarias obsoletas que generaban un calor innecesario y que tenían un alto consumo eléctrico. Han decidido sustituirlas por equipos LED específicos para ambientes fríos, con sensores de presencia y temporizadores. En pocas semanas, se han dado cuenta de que su consumo se ha reducido en un 40 % y que, además, ha mejorado la visibilidad en las cámaras y han evitado que el sistema frigorífico trabaje más debido al calor extra que emitían las luminarias antiguas, de forma que la inversión ha merecido la pena, ya que la iluminación eficiente se ha convertido en un elemento estratégico tanto para la empresa como para las personas que trabajan en ella.

La **iluminación industrial** en las instalaciones frigoríficas es esencial para la seguridad laboral y la correcta conservación de los productos. Aunque su consumo es menor que el de los sistemas frigoríficos, puede representar entre el 10 % y el 20 % del gasto eléctrico. Un diseño ineficiente no solo eleva el consumo, sino que también genera calor adicional, aumentando la carga térmica y el trabajo de los compresores.

Por ello, es fundamental contar con un sistema de iluminación eficiente, adaptado a las características del espacio, la actividad realizada y la normativa vigente. El uso de tecnologías de bajo consumo permite reducir costes, mejorar las condiciones de trabajo y disminuir el impacto ambiental.

6.1. Iluminación en las instalaciones frigoríficas

En las instalaciones frigoríficas e industriales, la iluminación está sujeta a condiciones especiales que la diferencian de otras aplicaciones:

Bajas temperaturas y alta humedad
- Los equipos de iluminación deben ser resistentes al frío y estar sellados para soportar las condensaciones y los posibles impactos mecánicos.

Alturas elevadas y grandes superficies
- Es habitual el uso de luminarias de alta potencia o sistemas de distribución uniforme para cubrir zonas amplias.

Encendidos frecuentes
- En los espacios con tránsito intermitente, la iluminación debe encenderse y apagarse de manera eficiente, sin degradar las lámparas ni consumir excesiva energía en los arranques.

Compatibilidad con la actividad
- Se debe garantizar el nivel de iluminación para las tareas manuales, las inspecciones visuales y la seguridad laboral, cumpliendo con los niveles mínimos de lux exigidos por la normativa (habitualmente ≥150-300 lux en zonas de trabajo).

Las **tecnologías de iluminación** más comunes en la industria han evolucionado significativamente en las últimas décadas:

Halogenuros metálicos y fluorescentes

- Muy usados en el pasado, pero con alta generación de calor y menor eficiencia energética que las opciones actuales.

LED *(Light Emitting Diode)*

- La tecnología LED es la más recomendada por su alta eficiencia (hasta 150 lm/W), su larga vida útil, el encendido instantáneo, su bajo mantenimiento y la mínima generación de calor. Además, rinde muy bien en entornos de baja temperatura.

Inducción electromagnética

- Menos comunes, pero con una buena eficiencia y durabilidad para aplicaciones muy específicas.

Además, las luminarias actuales suelen incorporar difusores y ópticas diseñadas para reducir los deslumbramientos y distribuir uniformemente la luz, mejorando la visibilidad y reduciendo el consumo.

Entre las medidas que se recomiendan para mejorar la eficiencia energética se encuentran:

- Sustituir lámparas tradicionales por tecnología LED.

- Implementar sensores de presencia y luminosidad para encender las luces solo cuando sea necesario.

- Optimizar la disposición y la altura de las luminarias para reducir las sombras y minimizar la cantidad de puntos de luz.

- Aprovechar al máximo la luz natural, cuando sea posible.

- Mantener limpias las luminarias y las superficies reflectantes para evitar pérdidas de rendimiento lumínico.

- Seleccionar temperaturas de color y niveles de iluminación adecuados para la actividad, sin excesos innecesarios.

Se puede afirmar que los sistemas de iluminación industrial no son solo una cuestión de visibilidad, sino también un componente clave para la eficiencia energética y la productividad. Incorporar tecnología LED, sensores y un diseño bien planificado contribuye significativamente a la sostenibilidad económica y ambiental de la instalación.

6.2. Conceptos

La iluminación industrial es el conjunto de técnicas, equipos y estrategias destinados a proporcionar una iluminación adecuada en los entornos industriales como plantas frigoríficas o cámaras de congelación. Es un elemento clave para garantizar la seguridad, la eficiencia y el confort visual durante su funcionamiento. Este enfoque va más allá de encender las luces, ya que implica el uso de criterios técnicos, energéticos, ergonómicos y normativos desde la fase de diseño hasta el mantenimiento del sistema.

En las instalaciones frigoríficas, la iluminación debe responder a unas condiciones exigentes como bajas temperaturas, humedad, hielo y grandes espacios. Por ello, los sistemas deben ofrecer un rendimiento óptimo en flujo luminoso, distribución y eficiencia. Antes de aplicar las soluciones o mejoras, es esencial conocer los conceptos básicos de iluminación industrial para evaluar si el sistema cumple con los requisitos del entorno. Los términos básicos más relevantes que sirven de base para diseñar, gestionar y optimizar un sistema de iluminación adecuado para entornos industriales exigentes son:

- **Nivel de iluminancia:** la iluminancia es la cantidad de luz sobre una superficie, medida en lux (lx). Normas como la EN 12464-1 o la ISO 8995 establecen los niveles mínimos según la actividad: ≥150 lx en almacenes y ≥300 lx en zonas de trabajo manual.
- **Eficiencia luminosa:** la eficacia luminosa mide la luz emitida por energía consumida (lm/W). Los LED ofrecen altos rendimientos, entre 130 y 150 lm/W, superando a los halógenos.
- **Temperatura de color y reproducción cromática:** la temperatura de color define si la luz es cálida, neutra o fría; en la industria se prefiere luz fría (5000-6500 K) por su claridad. El IRC debe ser ≥80 en zonas de manipulación para una correcta percepción del color.
- **Distribución de la luz y uniformidad:** además de la cantidad, es clave una iluminación uniforme para evitar sombras, deslumbramientos o zonas oscuras, mejorando así la seguridad y la productividad.
- **Compatibilidad con el entorno:** las luminarias en las zonas frigoríficas deben ser resistentes al frío, con protección IP65 o superior, y fabricadas

con materiales que soporten la humedad, el polvo y las bajas temperaturas sin agrietarse.

El diseño y la operación correctos de la iluminación impactan directamente en:

Seguridad laboral
- Reduciendo riesgos de caídas, errores y accidentes.

Eficiencia energética
- Evitando la sobreiluminación o las pérdidas innecesarias.

Calidad del trabajo
- Al proporcionar una visibilidad y un confort adecuados para las tareas específicas.

Cumplimiento normativo
- Garantizando que los niveles de luz están dentro de los estándares normativos.

IMPORTANTE

Una mala iluminación, por exceso, defecto, deslumbramiento o mal direccionamiento, además de aumentar los costes energéticos, también afecta la salud visual de los trabajadores, su rendimiento y la calidad de los procesos.

6.3. Componentes

Un sistema de iluminación industrial está compuesto por elementos diseñados para funcionar de forma integrada, proporcionando la luz adecuada según las condiciones del entorno. En las instalaciones frigoríficas, estos componentes deben ser robustos y resistentes a las bajas temperaturas, la humedad, el polvo y el funcionamiento prolongado, cumpliendo con los estándares de eficiencia, seguridad, confort visual y normativa. Los principales componentes pueden agruparse en:

- **Fuentes de luz:** los LED son la fuente de luz más utilizada por su eficiencia, su durabilidad y su buen rendimiento en frío. Aunque aún se usan tecnologías como fluorescentes o halogenuros en casos puntuales, los LED predominan en las renovaciones.

⊃ **Luminarias:** integran fuente de luz, carcasa, ópticas y montaje. Su cuerpo protege y disipa calor, mientras las ópticas dirigen la luz y evitan deslumbramientos. En entornos exigentes, se emplean modelos con protección IP65 o superior.

⊃ **Sistemas de control y protección:** permiten adaptar y optimizar la iluminación. Incluyen interruptores, sensores de presencia y luz natural, sistemas programables y *drivers* electrónicos en luminarias LED, reduciendo el consumo y mejorando la eficiencia.

⊃ **Elementos auxiliares:** incluyen cables, canalizaciones, soportes, cuadros eléctricos con protecciones y señalización. Todos los elementos deben adaptarse al entorno y cumplir con las normas de seguridad para lograr una instalación fiable.

Los equipos de iluminación destinados a utilizarse en cámaras de congelación y refrigeración deben:

⊃ Mantener su rendimiento a temperaturas por debajo de 0 °C.
⊃ Estar fabricados con materiales que no se agrieten ni deterioren con el frío.
⊃ Ser estancos para resistir la condensación y los chorros de limpieza.
⊃ Evitar la generación excesiva de calor que incremente la carga térmica del sistema.

6.4. Mejores equipos

La evolución tecnológica de la iluminación industrial en las últimas dos décadas ha permitido disponer de equipos altamente eficientes, robustos y adaptados a las condiciones específicas de las instalaciones frigoríficas e industriales. Identificar y seleccionar los mejores equipos disponibles en el mercado no solo garantiza una iluminación adecuada y segura, sino que también permite maximizar el ahorro energético y minimizar el mantenimiento y las interrupciones.

En las instalaciones industriales, especialmente frigoríficas, los mejores equipos son aquellos que logran un equilibrio óptimo entre el rendimiento lumínico, la resistencia al entorno, la eficiencia energética, la facilidad de control y una vida útil prolongada. La elección debe basarse en criterios técnicos, económicos y normativos, considerando siempre las necesidades concretas de la instalación y la actividad que se realiza.

Los mejores equipos de iluminación industrial presentan las siguientes características:

- **Alta eficiencia energética:** las luminarias LED de última generación alcanzan eficiencias de entre **130 y 180 lm/W,** cumplen con normativas de ecodiseño y pueden reducir el consumo eléctrico hasta en un **80 %** respecto a las tecnologías tradicionales.
- **Larga vida útil:** tienen una vida útil de 50.000 a 100.000 horas gracias a su diseño térmico y a los materiales de calidad, con garantías de 5 a 10 años según el fabricante.
- **Robustez y resistencia:** cuentan con protección **IP65-IP67** contra humedad y polvo, resistencia mecánica IK08-IK10, y carcasas de materiales como aluminio, acero inoxidable o policarbonato, aptas para temperaturas de hasta -30 °C.
- **Óptica optimizada:** disponen de ópticas para una luz uniforme y sin deslumbramientos, temperaturas de color frías (4000-6000 K) y CRI ≥80 para una buena percepción del color en los entornos industriales.
- **Control inteligente:** son compatibles con los sistemas de gestión como DALI, 0-10 V o ZigBee, y pueden integrar sensores de movimiento, presencia y luz para regular la intensidad y optimizar el consumo energético.

Algunos ejemplos de los mejores equipos actualmente disponibles para aplicaciones industriales son:

Campanas LED de alta potencia
- Ideales para los almacenes y las naves altas, con potencias de 100 W a 300 W y flujo luminoso superior a 20 000 lúmenes.

Tubos LED estancos
- Sustituyen a los fluorescentes en las áreas húmedas o frías, con versiones IP65 y resistencia hasta -30 °C.

Paneles LED empotrables o de superficie
- Adecuados para las oficinas, las salas técnicas y las zonas de baja altura.

Proyectores LED industriales
- Ideales para exteriores, muelles de carga y patios.

Luminarias con baterías de emergencia integradas
- Aseguran la iluminación mínima en caso de cortes de suministro eléctrico. Son equipos esenciales para garantizar la seguridad.

6.5. Medidas de eficiencia energética

Aunque la iluminación industrial representa solo entre el **10 % y el 20 %** del consumo energético en las instalaciones frigoríficas, ofrece un gran potencial de ahorro gracias a las medidas de eficiencia energética. Estas no solo reducen la factura eléctrica, sino que también disminuyen las emisiones de CO_2, mejoran el confort visual, alargan la vida útil de los equipos y ayudan a cumplir la normativa vigente.

Las estrategias de eficiencia se apoyan en dos pilares clave: la **elección de equipos y tecnologías eficientes,** y un **diseño, una operación y un mantenimiento inteligentes del sistema de iluminación.**

Implementar medidas de ahorro energético provoca un ahorro en los costes económicos tanto en las industrias como en las viviendas.

Las principales acciones que pueden implementarse en las instalaciones industriales para conseguir una iluminación sostenible, económica y conforme a la normativa vigente son:

- **Sustituir tecnologías obsoletas por LED:** la medida más eficaz es sustituir las luminarias tradicionales por otras LED, que consumen hasta un 80 % menos y reducen la carga térmica sobre los sistemas de refrigeración.
- **Optimizar el diseño de la iluminación:** distribuir correctamente las luminarias, usar ópticas que enfoquen la luz donde se necesite y aprovechar las superficies claras y reflectantes mejora la eficiencia y la uniformidad de la iluminación.
- **Instalar sistemas de control inteligentes:** los sensores de presencia y luz natural ajustan la iluminación automáticamente, y los sistemas programables permiten su control remoto, optimizando el consumo energético.

⮕ **Aprovechar la luz natural:** incorporar luz natural mediante claraboyas, ventanas o paneles translúcidos reduce el uso de luz artificial, siempre asegurando el aislamiento térmico en cámaras frigoríficas.

⮕ **Mantener los equipos en buen estado:** el mantenimiento del sistema de iluminación, mediante la limpieza, la revisión y la sustitución de los componentes, asegura su eficiencia y el buen funcionamiento.

⮕ **Ajustar los niveles de iluminación a las necesidades reales:** evitar la sobreiluminación ajustando los niveles de lux según la normativa, ya que el exceso únicamente aumenta el consumo sin mejorar el rendimiento.

 TAREA 3

Imagina que trabajas como técnico de mantenimiento en un centro logístico frigorífico. Tu jefe te ha pedido que elabores un breve informe en el que describas los elementos fundamentales que se deben tener en cuenta para garantizar una iluminación eficiente en la instalación. ¿Qué aspectos técnicos y ambientales deben considerarse para asegurar un sistema de iluminación eficaz, duradero y adaptado a las condiciones de un entorno frigorífico? Dicho informe debe incluir:

• El tipo de tecnología de iluminación recomendada.
• Sus características principales (eficacia, vida útil, temperatura de color, resistencia, etc.).
• Los desafíos específicos de la iluminación en entornos frigoríficos (como humedad, bajas temperaturas o impacto mecánico).
• Al menos una estrategia de optimización del consumo energético mediante automatización o diseño.

7. Resumen

Los sistemas de refrigeración y congelación permiten extraer el calor y mantener los productos a la temperatura adecuada, garantizando su conservación, su calidad y su seguridad. Para entender su funcionamiento y su eficiencia, es clave conocer conceptos como refrigeración (temperaturas sobre 0 °C), congelación (bajo 0 °C), carga térmica (calor que eliminar), COP (eficiencia del sistema), refrigerante (fluido que transfiere calor) y desescarche (eliminación del hielo en los evaporadores).

El núcleo de estos sistemas es el circuito frigorífico, que está compuesto por cuatro elementos principales:

| Compresor | Condensador | Válvula de expansión | Evaporador |

El sistema de gestión y distribución de fluidos frigorígenos se compone de tuberías frigoríficas (para el flujo del refrigerante en sus diferentes estados, con pendientes y aislamientos adecuados), válvulas y dispositivos de control (regulan el flujo y la presión), separadores y acumuladores (para el retorno del aceite y evitar líquido en el compresor), filtros y secadores (eliminan impurezas y humedad), aislamientos (reducen pérdidas de frío), y detectores y sistemas de monitorización (para control en tiempo real y seguridad).

Las pérdidas más frecuentes en un sistema frigorífico son:

| Fugas de refrigerante | Pérdidas de carga | Pérdidas de energía por aislamiento deficiente | Retorno inadecuado del aceite |

La recuperación de calor consiste en capturar la energía térmica disipada en los condensadores de los sistemas frigoríficos y reutilizarla para cubrir otras demandas térmicas, lo que incrementa significativamente la eficiencia del sistema y reduce el consumo energético y las emisiones de gases de efecto invernadero.

Existen distintas formas de implementar la recuperación de calor en las instalaciones frigoríficas, según el tamaño, la aplicación y las necesidades térmicas del usuario:

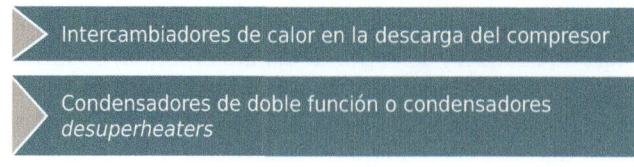

Intercambiadores de calor en la descarga del compresor

Condensadores de doble función o condensadores *desuperheaters*

Continúa en página siguiente >>

<< Viene de página anterior

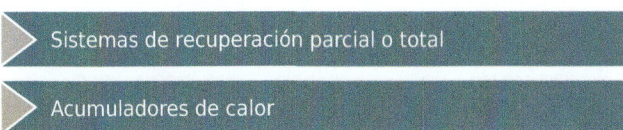

Sistemas de recuperación parcial o total

Acumuladores de calor

Los sistemas electromecánicos son el eje central de las instalaciones frigoríficas y de congelación, integrando tecnologías eléctricas, mecánicas y electrónicas para accionar, controlar y supervisar los procesos de refrigeración, garantizando un funcionamiento efectivo, seguro y automatizado. Estos sistemas convierten la energía eléctrica en energía mecánica útil a través de motores y accionamientos, y cumplen funciones principales como:

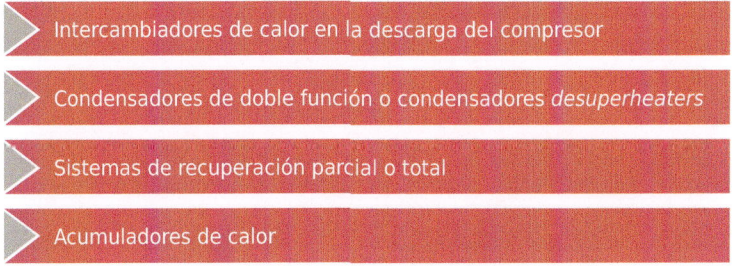

Intercambiadores de calor en la descarga del compresor

Condensadores de doble función o condensadores *desuperheaters*

Sistemas de recuperación parcial o total

Acumuladores de calor

Los elementos clave de un sistema electromecánico son:

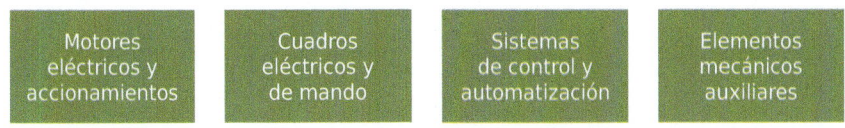

Motores eléctricos y accionamientos

Cuadros eléctricos y de mando

Sistemas de control y automatización

Elementos mecánicos auxiliares

En las instalaciones frigoríficas e industriales, la iluminación está sujeta a condiciones especiales que la diferencian de otras aplicaciones:

➲ Bajas temperaturas y alta humedad.
➲ Alturas elevadas y grandes superficies.
➲ Encendidos frecuentes.
➲ Compatibilidad con la actividad.

El diseño y la operación correctos de la iluminación impactan directamente en:

Seguridad laboral	Eficiencia energética	Calidad del trabajo	Cumplimiento normativo

Ejercicios de autoevaluación
Unidad de Aprendizaje 3

1. Indica si las siguientes afirmaciones son verdaderas o falsas:

a. La eficiencia energética en la industria frigorífica depende tanto de los equipos de refrigeración como de las tecnologías horizontales, como motores eléctricos, iluminación y recuperación de calor.

- ■ Verdadero
- ■ Falso

b. Las oportunidades de ahorro energético se concentran siempre en un único subsistema, por lo que no es necesario un enfoque global.

- ■ Verdadero
- ■ Falso

c. Solo los equipos de refrigeración determinan el consumo energético en la industria frigorífica; otros sistemas tienen un impacto mínimo.

- ■ Verdadero
- ■ Falso

d. Un enfoque integral de las tecnologías horizontales permite optimizar el rendimiento global de la instalación y reducir costes y emisiones.

- ■ Verdadero
- ■ Falso

2. ¿Cuál es el objetivo principal de los sistemas de refrigeración y congelación?

a. Aumentar el consumo energético para conservar productos.
b. Extraer calor para mantener la temperatura adecuada y conservar productos.
c. Reducir la temperatura por debajo de 0 °C únicamente.
d. Transformar calor en energía eléctrica.

[111]

3. ¿Cuál es la función del compresor en un sistema de refrigeración?

a. Aspirar vapor a baja presión y comprimirlo a alta presión.
b. Condensar el refrigerante.
c. Disminuir la presión del refrigerante.
d. Expandir el refrigerante.

4. ¿Qué ocurre si se sobredimensiona un sistema de refrigeración?

a. Aumenta la eficiencia del sistema.
b. Disminuye el desgaste mecánico.
c. Genera ciclos frecuentes de encendido/apagado y mayor consumo.
d. Mejora la distribución del refrigerante.

5. ¿Qué función cumple el desescarche en un sistema de refrigeración?

a. Disminuir la presión del refrigerante en el compresor.
b. Eliminar hielo acumulado en el evaporador para mantener su rendimiento.
c. Eliminar la escarcha del condensador.
d. Evitar la evaporación del refrigerante.

6. ¿Qué medida constructiva ayuda a reducir las infiltraciones de aire en cámaras frigoríficas?

a. Aumentar la velocidad de los ventiladores.
b. Elevar la presión interna.
c. Instalar puertas automáticas o cortinas de aire.
d. Usar refrigerantes más densos.

7. ¿Qué se busca al mantener una velocidad óptima del refrigerante en las tuberías?

a. Aumentar la temperatura de condensación.
b. Facilitar el retorno del aceite y reducir pérdidas de presión.
c. Impedir la evaporación del aceite.
d. Reducir el flujo de refrigerante hacia el evaporador.

8. ¿Qué sistema permite supervisar y actuar sobre múltiples variables del sistema de refrigeración en tiempo real?

   a. Acumulador de succión.
   b. Compresor con VFD.
   c. Relé térmico.
   d. SCADA o PLC.

9. ¿Qué tipo de luminarias se recomiendan para naves industriales con techos altos?

   a. Campanas LED industriales.
   b. De superficie empotradas.
   c. Luminarias de oficina.
   d. Proyectores de exterior.

10. ¿Qué ocurre si no se realiza el mantenimiento adecuado del sistema de refrigeración?

   a. Aumentan las pérdidas de energía y refrigerante.
   b. El sistema se vuelve autosuficiente.
   c. Se mejora la eficiencia energética.
   d. Se reduce la necesidad de control.

Glosario

Aislamiento térmico
Material o sistema que reduce las pérdidas de frío en las instalaciones. Es esencial para evitar fugas de energía y reducir el trabajo de los equipos frigoríficos.

Auditoría energética
Evaluación sistemática del uso de la energía en una instalación para identificar ineficiencias y proponer mejoras.

Carga térmica
Cantidad de calor que debe eliminarse para mantener una determinada temperatura en un espacio refrigerado o congelado.

Coeficiente de rendimiento (COP)
Relación entre la energía útil obtenida y la energía consumida. Cuanto mayor es el COP, más eficiente es el sistema.

Cogeneración/Trigeneración
Producción simultánea de electricidad y calor útil (cogeneración), o de electricidad, calor y frío (trigeneración), en un único proceso con alto rendimiento energético.

Compresor
Componente esencial que comprime el refrigerante para su ciclo. Puede representar hasta el 70 % del consumo eléctrico en una planta frigorífica.

Condensador
Elemento que permite al refrigerante ceder el calor absorbido y cambiar de estado gaseoso a líquido.

Desescarche
Proceso de eliminación de escarcha acumulada en el evaporador para mantener su eficiencia.

Diagnóstico energético
Análisis del consumo energético y del estado de los equipos con el fin de optimizar su rendimiento.

Eficiencia energética
Capacidad de obtener el mismo resultado con menor consumo energético. En la industria frigorífica implica mantener condiciones térmicas con el mínimo uso de energía.

Energías de red
Energías convencionales como la electricidad y el gas natural, que se suministran a través de redes públicas.

Energías renovables
Fuentes de energía sostenibles como la solar, la eólica, la geotérmica o la biomasa, utilizadas para reducir el consumo de fuentes fósiles.

Evaporador
Componente que absorbe el calor del medio que enfriar. El refrigerante se evapora al pasar por él.

Fluido frigorígeno (refrigerante)
Sustancia que circula por el sistema frigorífico transportando calor. Puede ser natural (CO_2, amoniaco) o sintético (HFC).

Gestión energética
Conjunto de prácticas, tecnologías y estrategias destinadas a optimizar el uso de la energía en las instalaciones.

Iluminación industrial
Sistema de alumbrado adaptado a las condiciones específicas de entornos frigoríficos. El uso de LED es altamente recomendado por su eficiencia.

Monitorización energética
Control en tiempo real del consumo energético mediante sensores, medidores y sistemas de análisis.

Motores eléctricos de alta eficiencia (IE3, IE4)
Equipos diseñados para transformar energía eléctrica en mecánica con menor pérdida, mejorando el rendimiento energético.

Normativa RITE (España)
Reglamento de Instalaciones Térmicas en los Edificios. Establece los requisitos de eficiencia y seguridad energética en sistemas térmicos.

Pérdidas térmicas
Energía desperdiciada debido a aislamientos deficientes, fugas o diseños inadecuados del sistema.

Plan Nacional Integrado de Energía y Clima (PNIEC)
Hoja de ruta energética de España que fija objetivos de eficiencia y sostenibilidad energética.

Recuperación de calor
Reaprovechamiento del calor residual de los sistemas de refrigeración para otros usos térmicos (ACS, calefacción, procesos industriales).

Sistema electromecánico
Conjunto de elementos eléctricos, mecánicos y de control que accionan y supervisan los equipos frigoríficos.

Sistema SCADA/BMS
Sistemas de gestión automática y supervisión de instalaciones frigoríficas que optimizan la eficiencia energética.

Variador de frecuencia (VFD)
Dispositivo que regula la velocidad de motores eléctricos según la demanda real, reduciendo el consumo energético.

Bibliografía

Monografías

→ GONZÁLEZ SIERRA, C.: *Refrigeración Industrial*. Lorqui: Editorial Cano Pina, 2023.

   Manual que incluye teoría avanzada de refrigeración, diseño de instalaciones, ejercicios y casos reales resueltos, útiles para técnicos frigoristas.

→ MARCOS DEL CANO, J. D.: *Frío industrial*. Madrid: Editorial Universitas, S. L., 2023.

   Libro dirigido a profesionales y frigoristas; cubre los principios del frío, la selección de los equipos y la eficiencia, enfocado en las aplicaciones prácticas en industria.

→ PÉREZ HUGUET, R.: UF0566. *Eficiencia energética en las instalaciones de climatización en los edificios*. Antequera: IC Editorial, 2025.

   Manual que aborda el cálculo de cargas térmicas, el control de sistemas HVAC, el análisis de los generadores de frío y los ventiladores, así como las estrategias de ahorro energético en las instalaciones de climatización.

Textos electrónicos

→ ENGIE España – Eficiencia energética en plantas de frío industrial, de: <https://www.engie.es/eficiencia-energetica-en-plantas-de-frio-industrial-con-un-mantenimiento-integral/>.

   Artículo centrado en la importancia del mantenimiento de los equipos de frío (compresores, fugas, calibraciones) para preservar la eficiencia y la sostenibilidad en las plantas de frío industrial.

→ FRIGOPACK – La eficiencia energética en refrigeración industrial, de: <https://www.frigopack.com/eficiencia-energetica-refrigeracion-industrial/>.

Artículo que aborda distintas estrategias para optimizar la energía en los sistemas frigoríficos industriales: selección de refrigerantes naturales (CO_2, amoniaco), adaptación a normativa UE (ISO 50001, IPMVP), aislamiento térmico eficiente y ejemplos reales del sector industrial.

→ IDAE – Guías técnicas de ahorro y eficiencia energética en climatización, de: <https://www.idae.es/tecnologias/eficiencia-energetica/edificacion/reglamento-de-instalaciones-termicas-de-los-0>.

Conjunto de guías elaboradas por el Instituto para la Diversificación y Ahorro de la Energía para aplicar medidas de eficiencia energética en las instalaciones térmicas y de climatización, alineadas con el RITE.

→ Informe ODYSSEEMURE – Tendencias y políticas de eficiencia energética en España (2022), de: <https://www.odyssee-mure.eu/publications/national-reports/espana-eficiencia-energetica.pdf>.

Análisis exhaustivo de la evolución del consumo energético en la industria española hasta 2022, tendencias en energías renovables, reducción del uso de gas y recomendaciones de política pública.

→ INTARCON – La eficiencia energética en los sistemas de refrigeración, de: <https://www.intarcon.com/eficiencia-energetica-en-los-sistemas-de-refrigeracion/>.

Publicación que aborda el cálculo de la carga térmica, la elección de los refrigerantes, la recuperación de calor y las medidas de ahorro energético específicas para los sistemas de refrigeración industrial.

Legislación

→ Real Decreto Ley 14/2022 – Medidas de ahorro y eficacia energética, de: <https://www.boe.es/eli/es/rdl/2022/08/01/14/con>.

Revisión normativa que introduce cambios en RITE sobre temperatura interior, señalización obligatoria y medidas de ahorro energético en los edificios y las instalaciones térmicas.

→ RITE – Reglamento de Instalaciones Térmicas en los Edificios (España), de: <https://www.miteco.gob.es/es/energia/eficiencia/rite.html>.

Fuente oficial con disposiciones sobre los requisitos de eficiencia energética, normativa para generación y control de los sistemas térmicos en las edificaciones.